Albert Einstein
The Special and the General Theory

Relativity

相对论

［美］阿尔伯特·爱因斯坦 / 著

李精益 / 译

SPM
南方传媒

广东科技出版社
全国优秀出版社

· 广 州 ·

目 录 | Contents ▶

作者序
第十五版说明

第一部分
狭义相对论

1. 几何命题的物理意义 _ 2

2. 坐标系 _ 5

3. 经典力学中的空间与时间 _ 9

4. 伽利略坐标系 _ 11

5.（狭义）相对性原理 _ 12

6. 经典力学中所用的速度相加定理 _ 16

7. 光传播定律与相对性原理表面上的抵触 _ 17

8. 物理学中的时间观 _ 21

9. 同时性的相对性 _ 24

10. 距离概念的相对性 _ 28

11. 洛伦兹变换 _ 29

12. 量杆与钟在运动时的行为 _ 34

13. 速度相加定理——菲佐实验 _ 37

14. 相对论的启发性价值 _ 40

15. 狭义相对论的普遍性结果 _ 41

16. 经验与狭义相对论 _ 47

17. 闵可夫斯基四维空间 _ 52

第二部分
广义相对论

18. 狭义与广义相对性原理 _ 58

19. 重力场 _ 62

20. 惯性质量和重力质量相等是广义相对性公设的一个论据 _ 65

21. 经典力学和狭义相对论的基础在哪些方面无法令人满意？ _ 69

22. 广义相对性原理的几个推论 _ 72

23. 在转动参照系上的钟与量杆的行为 _ 77

24. 欧几里得与非欧几里得连续区 _ 81

25. 高斯坐标 _ 84

26. 狭义相对论的时空连续体可视为欧几里得连续体 _ 89

27. 广义相对论的时空连续体不是欧几里得连续体 _ 91

28. 广义相对性原理的严格表述 _ 94

29. 在广义相对性原理的基础上求解重力问题 _ 97

第三部分
关于整个宇宙的一些思考

30. 牛顿理论在宇宙学上遇到的困难 _ 104

31. 一个"有限"而又"无界的"宇宙的可能性 _ 106

32. 以广义相对论为依据的空间结构 _ 112

附录一

1. 洛伦兹变换的简单推导 _ 116

2. 闵可夫斯基四维空间("世界")_ 122

3. 广义相对论的实验证实 _ 124

（1）水星近日点的运动

（2）重力场对光的偏转

（3）光谱线的红向位移

4. 以广义相对论为依据的空间结构 _ 136

5. 相对论与空间问题 _ 139

（1）场

（2）广义相对论的空间观念

（3）广义的重力论

附录二

诺贝尔奖委员会给爱因斯坦的颁奖词 _ 168

作者序

　　本书的目的，是尽可能使那些因一般科学和哲学的观点而对相对论感兴趣，但不熟悉理论物理的数学工具的读者，对相对论有一个正确的认知。本书假定读者已具备相当于大学入学考试的教育程度。尽管本书篇幅不长，但读者仍需要具有相当大的耐心和毅力。我力求以最简单易懂的方式来介绍相对论的主要概念，并大体按照其实际发生的顺序和联系来进行叙述。为了清晰起见，我不得不经常有所重复，而无法考虑文体是否优美。我严格遵照杰出的理论物理学家波尔兹曼（L. Boltzmann）的格言，即形式是否优美的问题应留给裁缝和鞋匠去考虑。但我不敢说这样已为读者解决了相对论中的固有难题。另一方面，我又故意采用"继母式的"（step-motherly）方式来论述相对论的经验性物理基础，以便不熟悉物理的读者不会感到像一个只见树木不见森林的迷路人。愿本书能为一些读者带来一段沉浸于思考的快乐时光。

爱因斯坦

1916 年 12 月

第十五版说明

我在本版中增加了附录5（附录一第5节），其中阐述了我对一般空间问题，以及对我们的空间概念如何在相对论观点影响下逐渐改变的看法。我想说明：空间和时间未必能看成是可以脱离物质世界的真实客体而独立存在的东西。并非物质客体存在于空间中，而是这些客体具有空间广延性。如此看来，"一无所有的空间"（empty space）这个概念就失去了意义。

爱因斯坦

1952年6月9日

第一部分

狭义相对论

1. 几何命题的物理意义

2. 坐标系

3. 经典力学中的空间与时间

4. 伽利略坐标系

5.（狭义）相对性原理

……

1. 几何命题的物理意义

　　本书大多数读者在学生时代就已经熟悉欧几里得几何学（Euclid's geometry）的宏伟大厦了，你们或许会以一种崇敬胜过喜爱的心情记起这座壮丽的建筑，而那些尽职的教师们曾花费无数时间，督促你们沿着这座建筑的高耸楼梯向上攀登。凭借过去的经验，谁要是质疑这门科学中哪怕是最冷僻的定理的真实性，你必定会投以鄙视的目光。但是假如有人问你："那么，你凭什么认定这些命题是真的呢？"你的这种骄傲感或许马上就会消失。让我们思考一下这个问题。

　　几何学从平面、点和直线等概念出发，我们可以将它们与大致上确定的概念联系起来；同时，几何学还从一些简单的命题（公理）出发，由于这些概念，我们倾向于将命题视为"真理"。然后，通过一种我们认为正确的逻辑推理过程，其余的命题都可由这些公理推导出来，也就是说，这些命题已得到证明。于是，只要一个命题是以公认的方法从公理推导得出的，它就是正确的（就是"真实的"）。这样，单一命题是否"真实"的问题就归结为公理是否"真实"的问题。但人们早就知道，上文的问题（如何认定这些命题是真的呢？）不仅无法用几何学的方法来回答，而且问题本身也是完全没有意义的。我们不能问"通过两点只有一条直线是否真实"这样的问题。我们只能说："欧几里得几何学研究的是'直线'，每条直线都具有由其上两点决定的性质。""真实"这一概念与纯粹几何学的观点并不相符，因为我们总习惯将"真实"一词与一个"实在的"客体（object）相对应；可是，几何学并不涉及其中包含的观念与经验客体间的关系，只涉及这些观念本身之间的逻辑联系。

尽管如此，仍不难理解为何我们不得不将这些几何命题称为"真理"。几何概念大体上与自然界中的"精确"（exact）客体相对应，而这些客体是产生几何概念的唯一根源。几何学应避免依循这一途径，以便能使其结构获得最大限度的逻辑一致性。例如，通过查看一个实质刚体（practically rigid body）上两个带记号的位置以决定距离的方法，已经根深蒂固于我们的思考习惯

1889年，慕尼黑鲁伊特波尔德中学（Luitpold Gymnasium）。爱因斯坦曾在这里上学，那时候德国的中学更重视人文科学而不是科学与数学，爱因斯坦在这里经常受到打击。

爱因斯坦的父亲赫尔曼·爱因斯坦（Hermann Einstein）不善经商，但喜爱德国文学，并经常鼓励爱因斯坦在数学上的兴趣。

中了。假如我们适当选择观测位置，用一只眼睛观察而能使三个点的视位置相互重合，我们也会习惯认为这三点位于一条直线上。

假如，依照我们的思考习惯，在欧几里得几何学的命题中补充一个命题，即一个实质刚体上的两点永远对应于同一距离（线间距，line-interval），而与我们对刚体位置的任意改变无关，那么欧几里得几何学的命题就归结为实质刚体的所有相对位置的命题。[1]这样补充后的几何学可被视为物理学的一个分支。现在我们就可以正常地提出通过这种方式诠释的几何命题是否为"真理"这一问题：因为我们有理由问，对那些与我们的几何观念相联系的真实物体而言，这些命题是否可以被满足？用不太精确的措辞来表达，上面这句话可以这样表述：我们将这种意义的几何命题的"真实性"理解为：此命题对于用直尺和圆规作图的有效性。

当然，用这种意义来断定几何命题的"真实性"，只是基于不太完整的经验。不过，我们先假定几何命题的"真实性"，在后文中（在论述广义相对论时）我们将会看到这种"真实性"是有限的，并且将讨论这种有限性的范围。

1 由此推论，一个自然客体也与一条直线相联系。一个刚体上的三个点 A、B 和 C，假如已给定 A 和 C，而 B 点的选择使得 AB 和 BC 之和为最小，则此三点位于一条直线上。这一不完整的提法能够满足我们目前的讨论。

2. 坐标系

　　根据前文已说明的关于距离的物理解释，我们也能够用度量的方法来确立一个刚体上两点间的距离。为了实现这一目的，我们需要一个可以一直作为度量标准的"距离"（杆 S）。现在，假如 A 和 B 是一个刚体上的两点，我们可以按照几何学的规则作一条直线连接这两点；然后，以 A 为起点，一次一次地记取距离 S，直到到达 B 点为止。所需记取的次数就是距离 AB 的数值度量（numerical measure）。这是一切长度测量的基础。[1]

　　描述一起事件（event）发生的地点或一个物体在空间中的位置，都是以能够在一个刚体（参考物体，body of reference）上确定一个与该事件或物体重合的点为依据。这种方式不仅可用于科学描述，也可用于日常生活。假如我来分析"北京天安门广场"[2]这一位置标记，可以得出以下结论：地球是该位置标记所参照的刚体；

爱因斯坦的母亲宝琳娜·内·科赫（Pauline nee Koch）是一位有才华的钢琴家。她鼓励两个孩子勤奋学习，对他们充满信心。

1　此处我们假设没有任何剩余部分，即量度的结果取整数。我们可以用具有分刻度的量杆（divided measuring-rod）来克服这一困难，引进这种量杆并不需要对量度方法做任何根本性的改变。

2　原作者以德国柏林的波茨坦广场（Potsdamer Platz）为例，英译者改为伦敦特拉法加广场（Trafalgar Square），为便于中国读者阅读，故改为此地名。——译者注

"北京天安门广场"是一个明确规定的点，并已被命名，而考虑的事件则在空间中与此点重合。[1]

这种标记位置的方法只适用于刚体表面的位置，并以刚体表面上存在的可相互区别的各个点为依据。但我们可以摆脱这两种限制，并且不改变位置标记的本质。例如，有一朵云飘浮在北京天安门广场上空，我们可以在北京天安门广场上垂直地竖起一根竿子直达这朵云，以此来确定这朵云相对于地球表面的位置。用标准量杆度量这根竿子的长度，并结合竿子下端的位置标记，我们就可以得到这朵云的完整位置标记。根据这个例子，我们可以看出位置的概念是如何进行改造的：

（a）我们设想将确定位置所参照的刚体进行补充，补充后的刚体延伸至我们需要确定位置的物体。

（b）在确定物体的位置时，我们使用一个数（此处是用量杆量出的竿子长度）而不用选定的参考点（designated points of reference）。

（c）即使没有竖立高达云端的竿子，我们也可以得到云朵的高度。我们从地面上不同的位置以光学方法观测云朵，并考虑光传播的特性，就能够确定原本需要达到云朵的竿子长度。

---

1 "在空间中重合"（coincidence in space）这一短语的意义不需要在这里进一步探究。这一概念已经足够清楚，因而对它在实际上的适用性，也不太可能产生意见上的分歧。

从以上论述，我们可以看出：假如在描述位置时，我们可以使用数值度量，而不考虑参考刚体上是否存在着（具有名称的）标记位置，那就会更加方便。在物理测量中，可以应用笛卡尔坐标系（Cartesian system of co-ordinates）来达到这个目的。笛卡尔坐标系包含三个相互垂直的平面，它们牢固地附着于一个刚体上。在一个坐标系中，任何事件发生的地点（主要）由从事件发生的地点向这三个平面所作垂线的长度或坐标（x、y、

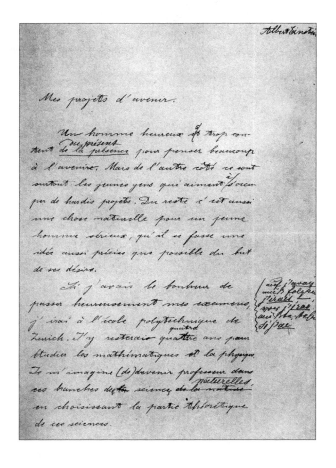

1896年9月，爱因斯坦在他毕业考试的法语作文中写出了他对未来的计划："如果能顺利通过考试，我将到苏黎世联邦理工学院攻读数学和物理。"

1889年，慕尼黑鲁伊特波尔德中学学生合影，52个男生中只有爱因斯坦（第一排右三）露出了一丝笑容。

z）来确定。这三条垂线的长度，可以按照欧几里得几何学确立的规则和方法，用刚性量杆经过一系列操作来进行确定。事实上，构成坐标系的刚性平面一般并不存在；此外，坐标的大小实际上不是用刚性量杆的结构，而是用间接的方法来进行确定。假如要获得清晰的物理学和天文学结果，就必须始终按照上述论述来寻求位置标记的物理意义。[1]

于是，我们得出以下结论：对事件在空间中的位置所进行的每一种描述，都必须使这些事件参照一个刚

1　在开始论述广义相对论（将在本书第二部分讨论）之前，不需要对这些观点加以改进和修正。

体，得出的关系是以假定欧几里得几何学的定理适用于"距离"为依据，"距离"在物理上按惯例表示为一个刚体上的两个标记。

3. 经典力学中的空间与时间

力学的目的在于描述物体在空间中的位置如何随"时间"改变。假如我没有经过认真思考和详尽解释，就用这种方式来表述力学的目的，我将因违背力求清晰明确的神圣精神而犯下重大过失。接下来，就由我们来揭示这些过失。

在这里，我们并不清楚应如何理解"位置"和"空间"。例如，我站在一列匀速前进的火车车厢里，并从车厢窗口丢下而不是抛掷一块石头到铁路路基。那么，假如不计空气阻力的影响，我会看到石头沿着一条直线下落。从人行道上观察这一举动的人，则会看到石头沿着一条抛物线落下。现在我想问：石头所经过的各个"位置"是"确实"在一条直线上，还是在一条抛物线上呢？还有，这里指的"在空间中"的运动又是什么意思呢？根据前一节的论述，答案不言自明。首先，我们要完全避开"空间"这一模糊的词汇；我们必须承认，我们对"空间"一词毫无概念，因而代之以"相对于作为参考的实质刚体的运动"。相对于参照系（火车车厢或铁路路基）的运动已在上一节中详细定义过。假如我们引入在数学描述中常用的观念"坐标系"来取代"参照系"，我们就可以说：石头相对于牢固地附着在车厢上的坐标系走过的是一条直线，但相对于牢固地附着在地面（路基）上的坐标系则经过一条抛物线。通过这个例子，我们可以清楚知道：没有独立存在的轨迹（trajectory，字面意义为"轨道曲线"[1]），只有相对于特定参照系的轨迹。

为了对运动进行完整的描述，我们必须说明物体是如何随时间改变其位置的；也就是说，对于轨迹上的每一个点，必须说明物体在什么时刻位于该点。这些数据必须由一个关于时间的定义来补充，按照这个定义，这些时间可视为本质上可观测的量值（测量的结果）。假如我们基于经典力学，就能通过以下实验来满足这一要求。我们设想有两个构造完全相同的钟，站在火车车厢窗口的人拿着一个，在人行道上的人则拿着另一个。两个观察者各自按照自己手中所持时钟的每一声嘀嗒记录下的时间，来确定石头相对于自己的参照系所占据的位置。在这个实验中，我们并没有计入光传播速度的有限性所造成的不准确性。对于这一点以及实验中的另一项主要困难，我们将在后文详细论述。

----

1 path-curve，即物体的运动曲线。

4. 伽利略坐标系

众所周知，伽利略－牛顿力学的基本定律，即惯性定律（law of inertia），可以表述为：一个物体距离其他物体足够远时，都会继续保持静止或匀速直线运动状

1909年5月7日，爱因斯坦被聘任为苏黎世大学理论物理学副教授，聘期六年。

态。这个定律不仅涉及物体的运动，也指出了可以应用于力学描述的参照系或坐标系。惯性定律能够广泛适用于人眼可见的恒星运动。假如现在我们使用一个牢靠地附着在地球上的坐标系，那么相对于这一坐标系，每颗恒星在一个天文日（astronomical day）内运行的轨道都会是一个半径极大的圆，这一结果违反了惯性定律的描述。因此，假如我们要遵循这一定律，就只能参照恒星在其中不进行圆周运动的坐标系来观察这类运动。如果惯性定律适用于一个坐标系内的运动状态，那么这个坐标系就被称为"伽利略坐标系"（Galilean system of co-ordinates）[1]。伽利略 – 牛顿力学的定律只有在伽利略坐标系中才是成立的。

5.（狭义）相对性原理

为了更清晰地叙述本节内容，让我们回到设想为匀速行进的火车车厢这个例子。我们称车厢的运动为匀速平移（uniform translation，"匀速"是由于速度和方向

---

1 Galilean 原书均采用 Galileian，应是早期拼法；为方便读者查找资料，中译本改成如今常用的拼法。——译者注

恒定，"平移"则是由于虽然车厢相对于路基不断改变其位置，但它运动时没有发生转动）。让我们想象一只大鸟正飞过空中，从路基上观察，它的运动方式是匀速直线运动。假如我们从行进中的火车车厢中观察这只大鸟，就会发现大鸟在以另一种速度和方向飞行，但仍然是匀速直线运动。用抽象的方式来表述，我们可以说：如果一个质量为 m 的物体相对于一个坐标系进行匀速直线运动，只要第二个坐标系 K' 相对于 K 在进行匀速平移运动，则质量为 m 的物体相对于 K' 也在进行匀速直线运动。根据上一节的论述可以得出：如果 K 是一个伽利略坐标系，那么其他每一个相对于 K 作匀速平移运动的坐标系 K' 也是伽利略坐标系。相对于 K' 和 K，伽利略－牛顿力学定律都是成立的。如果我们将上面的原则表述如下，则在推广方面又前进了一步：假如 K' 是相对于 K 作匀速运动且没有转动的坐标系，那么自然现

1884年的爱因斯坦（5岁）和妹妹玛雅（3岁）。

象相对于 K' 的演变将与相对于 K 的演变相同，也依循完全相同的普遍定律。这一陈述被称为（狭义）相对性原理。

只要人们确信一切自然现象都能够借助经典力学来表述，就没有必要怀疑这个相对性原理的正确性了。但由于电动力学与光学的发展，人们越来越清楚地看到：经典力学为一切自然现象的物理描述提供的基础还不够充分。至此，讨论相对性原理的正确性这个问题的时机成熟了，而且当时看来，从这一问题得出否定的答案也并不是不可能的。

然而，有两个普遍的论据一开始就为相对性原理的真实性提供了非常有力的支持。即使经典力学并没有提供给我们一个足够宽广的基础来理解表述一切物理现象，我们仍然需要承认经典力学在很大程度上是"真理"，因为它对天体实际运动的描述达到了令人震惊的精确度。因此，在力学的领域中应用相对性原理必然达到很高的准确度。一个具有如此广泛的普遍性且在物理现象的一个领域中如此准确的原理，竟然在另一个领域中失效了，这从先验的（a priori）观点来看是不可能的。

现在来讨论第二个论据，我们以后还会进一步讨论它。假如（狭义）相对性原理不成立，那么进行相对匀速运动的 K、K'、K'' 等一系列伽利略坐标系在自然现象的描述中就不是等效的。在此情况下，我们不得不相信自然定律能以一种特别简单的方式表述出来，这当然只有在下列条件下才能做到，即我们已经从一切可能存在的伽利略坐标系中，选定了一个具有特别运动状态的坐标系 K_0 作为参照系。于是，我们就有理由（因为这个坐标系在自然现象的描述中有其优点）称这个坐标系为"绝对静止的"，而所有其他的伽利略坐标系 K 都是"运动的"。举例来说，假设我们的铁路路基是坐标系 K_0，那么我们的火车车厢就是坐标系 K，相对于坐标系 K 成立的定律将没有相对于 K_0 那样简单。这种定律简单性的消减来自车厢 K 相对于 K_0 而言是运动的（即"真正是"运动的）这个事实。在参照 K 所表述的普遍自然定律中，车厢速度的大小和方向必然是起作用的。例如，一根风琴管的轴与运动方向平行时所发出的音调，会和它的轴与运动方向垂直时所发出的音调不同。由于我们的地球是在环绕太阳的轨道上运行的，因而可以将它比作以大约每秒 30 千米的速度行进的火车车厢。假如相对性原理是不正确的，我们就应该预料到，地球在任何一个时刻的运动方向都将会出现在自然定律中，而且物理系统的行为将与其相对于地球的空间取向有关。由于地球公转速度的方向在一年中不断变化，地球不可能在全年中相对于假设的坐标系 K_0 都处于静止状态。不过，即使是最仔细的观测也从来没有发现地球物理空间的这种各向异性（anisotropic property），即不同方向在物理上的非等效性（physical non-equivalence）。这是支

1896年，爱因斯坦
（前排左一）与阿
劳州立中学同学的
合影。

持相对性原理十分有力的论据。

6. 经典力学中所用的速度
    相加定理

　　假设仍然是上文中提到的正以恒定速度 v 沿铁轨行
进的火车车厢，且有一人在车厢中沿着车厢行进的方向

以速度 w 从车厢一端走到另一端。那么在此过程中，相对于路基而言，这个人前进得多快呢？换句话说，他相对于路基的前进速度 W 是多少呢？我们似乎可以结合这些因素来思考唯一可能的答案：假如这个人在 1 秒内站着不动，他将相对于路基前进一段距离 v，这在数值上与车厢的速度相等。然而，由于他向前走动，那么在这 1 秒内，他相对于车厢向前走了一段距离 w，也就是相对于路基又多行进了一段距离 w，这段距离在数值上等于此人在车厢中走动的速度。因而，在我们假设的这 1 秒内，此人相对于路基总共前进了距离 $W=v+w$。不过我们之后将会发现，这个表述经典力学中速度相加定理的结果是难以维持的；换句话说，我们刚才写下的定律实质上是不成立的。但在目前，我们暂时假定它是正确的。

7. 光传播定律与相对性原理表面上的抵触

在物理学中几乎没有比光在真空中的传播定律更简单的定律了。每个上过学的孩子都知道，或者我们相信他知道，光是沿直线以 $c=300\ 000\text{km/s}$ 的速度传播的。

无论如何，我们已经非常精确地知道：所有色光的速度都是相同的，否则当一颗恒星被邻近的暗天体掩食时，不同色光的最小发射值（minimum of emission）就不会被同时观测到。荷兰天文学家德西特（De Sitter）根据对双星的观测，也以相似的理由指出：光的传播速度与发光体的运动速度无关。关于光的传播速度与其在"空间中"的方向有关这个设定，事实上是难以成立的。

简而言之，我们可以假设"光（在真空中）的速度是恒定的"这一简单定律已有充分的理由被孩子们接受。但谁会想得到这个简单的定律竟会使缜密深思的物理学家陷入智力上极大的困难呢？让我们来看看这些困难是如何产生的。

当然，我们必须依据一个刚性参照系（坐标系）来描述光的传播过程（其他的每一种过程都是如此）。让我们再次选择路基作为这样的参照系，并假设路基上方的空气已被抽空。假如有一道沿着路基传播的光线，我们从上方可以看到，这道光线的前端相对于路基正以速度 c 传播。现在我们假设车厢仍以速度 v 在铁轨上行驶，其方向与光线的方向相同，不过车厢的速度比光的速度要小得多。我们来探究一下这道光线相对于车厢的传播速度。在这里，我们可以应用前一节的论述，因为光线就好比相对于车厢走动的人，人相对于路基的速度 W 在这里被光相对于路基的速度取代，w 是所求的光相对于车厢的速度，因而我们得到：

$$w=c-v$$

于是，光线相对于车厢的传播速率出现了小于 c 的情况。

但是这个结果与第 5 节阐述的相对性原理相抵触。因为根据相对性原理，光在真空中的传播定律与所有其他的普遍性自然定律一样，不论是以车厢作为参照系还是以铁轨作为参照系，都必须是一样的。但是，从我们前面的论述来看，这一点似乎是不可能成立的。假如每一道光线相对于路基都以速度 c 传播，那么基于此，似乎光相对于车厢的传播就必然遵循另一定律——这是一个与相对性原理相抵触的结果。

考虑到这种两难情况，除了放弃相对性原理或光在真空中传播的简单定律外，似乎没有其他办法。仔细阅读以上论述的读者几乎都认为我们应该保留相对性原理，因为它是自然而简单的，对知识分子很有说服力。因此，光在真空中的传播定律必须用一个较为复杂且合乎相对性原理的定律来取代。然而，理论物理学的发展显示我们不能遵循这个途径。洛伦兹[1]对与运动物体相关的电动力学和光学现象所进行的具有划时代意义的理论

1　亨德里克·安东·洛伦兹（Hendrik Antoon Lorentz）：1853—1928 年，荷兰物理学家，1902 年与塞曼（P. Zeeman）共同获得诺贝尔物理学奖。——译者注

1896 年 10 月，17 岁的爱因斯坦进入苏黎世联邦理工学院（图为学院的物理楼）。这里并没有开设爱因斯坦感兴趣的理论物理学课程，所以他常常逃课，以自学为主。

研究表明，在这一领域中的经验会无可辩驳地产生一个关于电磁现象的理论，而真空中光速的恒定性这一定律是它的必然推论。因而，尽管不曾发现与相对性原理相抵触的实验数据，杰出的理论物理学家们还是更倾向于舍弃相对性原理。

相对论正是在这样的背景下登上了舞台。由于分析了时间和空间的物理概念，事情变得明朗：相对性原理和光传播定律两者并没有不相容的地方，而且假如同时系统贯彻这两条定律，就能得到一个逻辑严谨的理论。这个理论被称为狭义相对论（special theory of relativity），以区别于推广了的理论，至于广义理论，我们留待以后再讨论。下面我们将陈述狭义相对论的基本概念。

8. 物理学中的时间观

在铁路路基上有两个彼此距离很远的点 A 和点 B，而闪电击中了这两点上的铁轨。我再补充一句，这两点的闪电光芒是同时出现的。假如我问你这句话有没有意义，你会肯定地回答说："有。"但是，如果我接着请你更确切地向我解释这句话的意义，你可能稍作思考后就会感到，回答这个问题并不像看起来那么容易。

过一会儿，或许你会这样回答："这句话的意义本来就很清楚，无须进一步解释；当然，假如要我用观测来确定在实际情况中，这两起事件是否会同时发生，还需要考虑考虑。"但我并不满意这个答案，理由如下，假如一位能干的气象学家经过巧妙的思考后，发现闪电必然总是同时击中 A 和 B，那么我们就需要检验这一理论结果是否与实际相符。凡是其中含有"同时"（simultaneous）概念的物理陈述，都将遇到同样的困难。对物理学家而言，在他有可能判断一个概念在实际情况中是否真的被满足之前，这个概念就还不能成立。因此我们需要一个具有同时性（simultaneity）的定义，这个定义必须能提供一个方法，以便例子中的物理学家可以利用它通过实验来确定那两点的雷击是否同时发生。在这个要求尚未得到满足之前，我就认为我能够对同时性这个论述赋予某种意义，那么作为一名物理学家，这就未免有些自欺欺人了（当然，假如我不是物理学家也是一样的）。（请读者在确信这点之前，先不要继续读下去。）

在经过一段时间的思考后，你提出下列建议来检验同时性这个概念。沿着铁轨就能测量出 AB 两点连线的长度，然后让一位观察者站在 AB 连线的中点 M 上。这位观察者需要一种装置（例如，两面相互成 90° 的镜子），使他能同时观察到 A 和 B。假如这位观察者在同一时间观察到闪电光芒，那么它们就是同时出现的。

我对这个建议感到十分高兴，但却不认为问题已经完全解决了，我不得不提出下列反对理由："假如我知道位于 M 点的观察者看到的闪电，沿 AM 长度传播的速度与沿 BM 传播的速度相同，那么你的定义当然是对的。但是，想要验证这个假设，只有我们掌握了测量时间的方法才有可能。如此看来，我们好像是在逻辑圈子里打转。"

经过进一步的思考，你带着轻蔑的眼神瞟了我一眼——这是无可厚非的，并宣称："尽管如此，我仍然坚持我先前的定义，因为实际上这个定义并没有对光进行任何假设。对于同时性的定义只有一个要求，那就是在每一种实际情况中，这个定义必须为我们提供一个实验方法，以判断所规定的概念是否真的被满足了。我的定义已经满足了这个要求，这是无可辩驳的。光沿 AM 路径传播与沿 BM 路径传播所需时间相同，这实际上并不是关于光的物理性质的假设（supposition）或假说（hypothesis），而是为了得出同时性的定义，我按照自己的自由意志所做出的一种规定（stipulation）。"

这个定义显然不仅能给两起事件的同时性一个确切的意义，还能对我们愿意选定的任意多起事件的同时性也给出一个确切的意义，并且与这些事件发生的地点相对于参照系（在我们的例子里就是铁路路基）的位置无关。[1] 由此，我们也可以得出物理学中"时间"的定义。为此，我们假设把构造完全相同的钟放置在铁路线（坐标系）上的 A、B、C 点上，并通过以下方法校准它们：使它们的指针同时（按上述意义来理解）指着相同的位置。在这些条件下，我们将一起事件的"时间"理解为在该事件（空间）最近一点的钟上的读数（指针所指的位置）。这样，每一个本质上可以观测的事件都有一个时间数值与其相联系。

在苏黎世联邦理工学院读书时的爱因斯坦。

上述规定包含了进一步的物理假说，假如没有相反的实验证据，那么这个假说的有效性是不会被怀疑的。我们已经进行过假设，如果所有钟的构造完全一致，它们就会以相同的比率（at the same rate）运转。更确

1　我们进一步假设，假如有三个在不同地点按下列方式发生的事件 A、B 和 C，即 A 与 B 同时，而 B 又与 C 同时（同时的意义按上述定义理解），那么 A 和 C 的同时性判据也就得到了满足。这种假设是关于光传播定律的一个物理假设，假如我们支持真空中光速恒定这一定律，那么这种假设也就必然会被满足。

切地说，假如我们校准静止在一个参照系上不同地方的两个钟，使其中一个钟的指针指着某一特定位置的同时（按上述意义来理解），另一个钟的指针也指着相同的位置，那么完全一样的"指针位置"（setting）就是同时的（同时的意义按上述定义来理解）。

9．同时性的相对性

到目前为止，我们的论述一直参照被我们称之为"铁路路基"的特定参照系来进行。假设有一列很长的火车，以匀速 v 沿着图1所标明的方向在铁轨上行

爱因斯坦与好友创建"奥林匹亚科学院"，图中左起：康拉德·哈比希特（Conrad Habicht）、莫里斯·索洛文（Maurice Solovine）和爱因斯坦。

驶，这列火车上的乘客可以方便地将火车当作刚性参照系（坐标系）；他们参照火车来观察一切事件。因而铁路沿线发生的每一起事件也在相对于火车的某一特定点发生。而且和相对于路基来定义同时性一样，我们也可以相对于火车来定义同时性。但是，作为一个自然的推论，下列问题也随之而来：

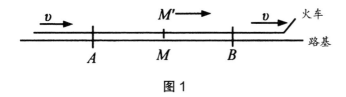

图 1

对于铁路路基来说是同时的两起事件（例如 A、B 两点的雷击），对于火车来说是否也是同时的呢？我们将直接证明答案必然是否定的。

当我们说 A、B 两点的雷击相对于路基而言是同时的，意思是：从出现闪电的 A 点和 B 点发出的光线，会在路基 AB 这段长度的中点 M 相遇。但事件 A 和 B 也与火车上 A 与 B 的位置相对应。令 M' 为行驶中的火车上的 AB 这段距离的中点。正当闪电光芒出现的时候[1]，点 M' 自然与点 M 重合，但是点 M' 以火车的速度 v 向图中的右方移动。假如坐在火车上 M' 点的一位观察者并不具有这个速度，那么他会永远停留在 M 点，闪电

1　从路基上判断。

从 A 和 B 所发出的光线将同时到达他这里，即光线将正好在他所在的地方相遇。可是实际上（相对于铁路路基来说），这位观察者正朝着来自 B 的光线急速行进，同时他又在向来自 A 的光线的前方行进。因此这位观察者将先看到从 B 发出的光线，后看到从 A 发出的光线。所以，把火车当作其参照系的观察者就必然得出这样的结论，即闪光 B 比闪光 A 早出现。于是我们得出下列重要结果：

对于路基而言是同时的若干事件，对于火车而言并不是同时的，反之亦然（即"同时性的相对性"，relativity of simultaneity）。每一个参照系（坐标系）都有它自身的特殊时间，除非告诉我们关于时间的陈述是相对于哪一个参照系，否则关于一起事件的时间的陈述就没有意义。

在相对论问世之前，物理学中一直有一个隐含的假设，即时间的陈述具有绝对的意义，也就是说，它与参照系的运动状态无关。但是我们刚才已经看到，这种假设与最自然的同时性的定义是不相容的；如果我们舍弃这一假设，那么光在真空中的传播定律与相对性原理之间的抵触（见第 7 节）也就消失了。

这个抵触是根据第 6 节的论述推测出来的，这些论点现在已经站不住脚了。在该节我们曾推出下列结论：假如车厢内的人相对于车厢每秒走过的距离为 w，那么在每秒的时间里，他相对于路基也会走过相同的一段距离。但是，根据以上论述，相对于车厢发生特定事件所需的时间，绝不等于相对于（作为参照系的）路基发生同一事件所需的时间。因此我们不能说：在车厢内走动的人相对于铁路线走过 W 的距离所需的时间从路基上判定也是 1 秒。

此外，第 6 节的论述还基于另一个假设，而且就严格的探究来说，这一假设是任意的，尽管在相对论创立之前，人们一直在物理学中隐藏着这个假设。

1902年2月4日，爱因斯坦写给未婚妻米列娃·玛丽克（Mileva Marić）的信。两人是苏黎世联邦理工学院的同班同学。

10. 距离概念的相对性

假设一列火车以匀速 v 沿路基行驶，我们考虑火车上的两个特定点 [1]，并研究两点间的距离。我们已经知道，测量一段距离需要一个参照系，以便相对于这个物体量出这段距离，最简单的办法是将火车本身作为参照系（坐标系）。火车上的一位观察者测量这段间隔的办法，是用他的量杆沿着一条直线（例如，沿着车厢的地板）从一个定点量到另一个定点，那么，量杆需要量多少下得到的数字才是所求的距离呢？

假如要从铁路线上来判定（火车上的）这段距离，那就是另一回事了。假如把火车上需要求出距离的两个点称为 A' 和 B'，则这两点都以速度 v 沿着路基移动。首先，我们需要在路基上确定两个对应点 A 和 B，使 A' 和 B' 恰好在特定时刻 t 分别通过 A 和 B——由路基来判定。路基上的 A 点和 B 点可以引用第 8 节给出的时间定义来决定。然后再用量杆沿着路基逐次量取 A、B 两点之间的距离。

从之前的观点来看，我们的确无法肯定这次测量的结果会与第一次（在火车车厢中）测量的结果相同，所以在路基上量出的火车长度可能与在火车上量出的火车

---

1 例如第一节车厢的中点和第二十节车厢的中点。

长度不同。这种情况使我们有必要对第 6 节中表面上看起来很显然的论述提出第二个反对意见，也就是说，假如车厢内的人在单位时间内走过一段距离 w（从火车上量得的），则这段距离如果在路基上来测量并不一定也等于 w。

11. 洛伦兹变换

前三节的结果表明，光传播定律与相对性原理表面上的不相容（第 7 节）是通过这样的思考推导出来的，这种思考从经典力学中借用了两个不正确的假设，这两个假设如下：

（1）两起事件的时间间隔（时间）与参照系的运动状态无关。

（2）一个刚体上两点的空间间隔（距离）与参照系的运动状态无关。

如果我们舍弃这两个假设，则第 7 节中的两难局面就会消失，因为第 6 节中导出的速度相加定理不再有效。看来光在真空中的传播定律与相对性原理是可以相容的，因此产生了下列问题：我们需要如何修改第 6 节

1903年1月6日，爱因斯坦与米列娃·玛丽克结婚。

中的论述，才能消除这两个基本经验结果之间表面上的矛盾呢？这个问题导致一个普遍性问题。在第 6 节的讨论中，我们既要相对于火车，又要相对于路基来谈地点和时间。当我们已知一起事件相对于铁路路基的地点和时间，如何求出该事件相对于火车的地点和时间呢？对于这个问题是否有一个能使光在真空中的传播定律与相对性原理不相抵触的答案呢？换言之，我们能否设想在个别事件相对于两个不同参照系的地点和时间之间存在一种关系，使得每一条光线不论是相对于路基还是火车都具有传播速度 c 呢？这个问题引出了一个十分明确的正面答案，以及当一起事件从一个参照系变换到另一个参照系时，空－时量值（space-time magnitudes）完全明确的变换定律。

在讨论这点之前，我们先介绍一下附带条件。到目前为止，我们只考虑沿着路基发生的事件，这在数学上必须假设为一条直线的函数。如第 2 节所述的方式，我们可以设想在这一参照系的横向和垂直方向各补上一个用杆构成的框架，以便参照这个框架来确定发生事件的空间位置。同样，我们可以设想以速度 v 行驶的火车绵延整个空间，这样无论一起事件有多远，我们都能参照另一个框架来确定其空间位置。我们尽量不考虑这两套框架实际上会不会因固体的不可入性（impenetrability）而不断相互干扰的问题，这样做不至于出现根本性的错误。我们可以设想，在每一个这样的框架中画出三个互相垂直的面，并称之为"坐标平面"（co-ordinate plane，这些平面共同构成一个坐标系）。于是，坐标系 K 对应路基，坐标系 K' 对应火车。一起事件无论发生在哪里，它在空间中相对于 K 的位置都可以由坐标平面中的三条垂线 x、y、z 来确定，时间则由时间量值（time-value）t 来确定。相对于 K'，同一事件的空间位置和时间将由相应的量值 x'、y'、z'、t' 来确定，这些量值与 x、y、z、t 当然并不全等。关于如何将这些量值视为物理测量结果，前文已进行了详尽叙述。

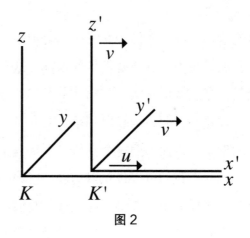

图2

　　显然，我们的问题可以精确地表述如下，如果一起事件相对于 K 的 x、y、z、t 各个量值已经给定，则同一起事件相对于 K' 的 x'、y'、z'、t' 各个量值是多少呢？在选定关系式时，必须使相对于 K 和 K' 的同一条光线（当然对于每一条光线都必须如此）满足光在真空中的传播定律。如果这两个坐标系在空间中的相对取向如图 2 所示，这个问题就可以用下列方程组解出：

$$x' = \frac{x - vt}{\sqrt{1 - \dfrac{v^2}{c^2}}}$$

$$y' = y$$

$$z' = z$$

$$t' = \frac{t - \dfrac{v}{c^2}x}{\sqrt{1 - \dfrac{v^2}{c^2}}}$$

　　这个方程组通常被称为"洛伦兹变换"（Lorentz

transformation）。[1] 假如我们不是依据光传播定律，而是依据旧力学的时间和长度具有绝对性这一隐含的假设，那么我们得到的就不是上述的方程组而是如下的方程组：

1904年5月14日，爱因斯坦的大儿子汉斯出生。

$$x'=x-vt$$
$$y'=y$$
$$z'=z$$
$$t'=t$$

这个方程组通常被称为"伽利略变换"（Galilean transformation）。在洛伦兹变换方程中，如果我们以无穷大值代换光速 c，就可以得到伽利略变换方程式。

通过下列例子，我们可以很容易地看出，按照洛伦兹变换，无论对于参照系 K 还是对于参照系 K'，光在真空中的传播定律都是可以被满足的。例如，沿着正 x 轴发出一个光信号，这个光刺激（light-stimulus）会按照下列方程式前进：

$$x=ct$$

即以速度 c 前进。按照洛伦兹变换方程，这个 x 与 t 之间的简单关系式包含着一个 x' 与 t' 之间的关系式。事实上也的确如此，将 x 的值 ct 代入洛伦兹变换的第一和第四个方程中，我们就得到：

1　洛伦兹变换的简单推导见附录一第 1 节。

$$x'=\frac{(c-v)t}{\sqrt{1-\dfrac{v^2}{c^2}}}$$

$$t'=\frac{(1-\dfrac{v}{c})t}{\sqrt{1-\dfrac{v^2}{c^2}}}$$

将两个方程相除直接得到下式：

$$x'=ct'$$

即参照坐标系 K'，光的传播应按照这一方程式进行。由此我们看到，光相对于参照系 K' 的传播速度也等于 c。对于沿任何其他方向传播的光线，我们也会得到同样的结果。当然这一点不足为奇，因为洛伦兹变换方程就是依据这一观点推导出来的。

12. 量杆与钟在运动时的行为

我沿着参照系 K' 的 x' 轴放置一根尺子，让其一端（开端）与点 $x'=0$ 重合，另一端（末端）与点 $x'=1$ 重合，问尺子相对于参照系 K 的长度是多少？想求出这个数值，我们需要求出在参照系 K 的某一特定时刻 t，以及尺子的开端和末端相对于 K 的位置。借助洛伦兹变换的第一个方程，这两点在时刻 $t=0$ 的值可以表示为：

$$x_{(\text{尺子末端})} = 0 \sqrt{1 - \frac{v^2}{c^2}}$$

$$x_{(\text{尺子末端})} = 1 \sqrt{1 - \frac{v^2}{c^2}}$$

两点间的距离为 $\sqrt{1 - \frac{v^2}{c^2}}$。但尺子相对于 K 以速度 v 运动。因此，沿着其本身长度的方向以速度 v 运动的刚性尺子的长度为 $\sqrt{1 - \frac{v^2}{c^2}}$ 米。因此尺子在运动时比在静止时短，而且运动得越快，尺子就越短。当速度 $v=c$ 时，我们就有 $\sqrt{1 - \frac{v^2}{c^2}} = 0$，而对于比 c 还大的速度，平方根会变成负值。由此我们得出结论：在相对论中，速度 c 扮演着极限速度的角色，任何真实的物体既不能达到，也无法超越这一速度。

当然，速度 c 作为极限速度的特性也可以从洛伦兹变换方程中清楚地看到，因为如果我们选取比 c 大的 v 值，这些方程就没有意义了。

反之，如果考察的是一根相对于 K 静止在 x 轴上的尺子，我们就应该发现，当从 K' 去判定时，尺子的长度是 $\sqrt{1 - \frac{v^2}{c^2}}$；这完全符合相对性原理，而相对性原理是我们进行考察的基础。

从之前的观点来看，显然我们一定能够从变换方程中对量杆和钟的物理行为有所了解，因为 x、y、z、t 这些量正是借助量杆和钟获得的测量结果。如果我们基于伽利略变换来进行考察，就不会得出量杆因运动而收缩的结果。

1905年，爱因斯坦与米列娃。这时，米列娃已经放弃了她的专业，专心于家庭。

现在我们考虑一个恒定于 K' 的原点（$x'=0$）上的按秒报时的钟（seconds-clock）。$t'=0$ 和 $t'=1$ 对应于钟接连发出的两声嘀嗒声。对于这两次嘀嗒声，洛伦兹变换的第一和第四个方程给出：

$$t=0$$

和

$$t=\frac{1}{\sqrt{1-\dfrac{v^2}{c^2}}}$$

从 K 来判定，钟会以速度 v 运动；从这个参照系来判定，钟的两次嘀嗒声间经过的时间不是 1 秒，而是 $\dfrac{1}{\sqrt{1-\dfrac{v^2}{c^2}}}$ 秒，即比 1 秒长一些。钟因运动而比静止时走得慢。速度 c 在这里仍然扮演着无法达到的极限速度的角色。

13. 速度相加定理——菲佐实验

事实上，与光速相比，钟和量杆运动所能达到的速度是非常小的；因而我们不太可能将前一节的结果与实际情况相比较。但是另一方面，这些结果必定会让读者感到非常奇特。因此，我将推导出另一结论，这个结论很容易从前面的论述中推得，而且它可以十分完美地通过实验证实。

在第 6 节中，我们推导出同向速度相加定理，所用形式也可由经典力学的假设推导出。这一定理也可以很容易地由伽利略变换（第 11 节）推导出。我们引进一个相对于坐标系 K' 运动的质点以取代车厢中走动的人，质点的运动方程如下：

$$x'=wt'$$

借助伽利略变换的第一和第四个方程，我们可以用 x 和 t 来表示 x' 和 t'，因此我们得到：

$$x=(v+w)t$$

这个方程表示的正是质点相对于坐标系 K（人相对于路基）的运动定律。我们用符号 W 表示这一速度，如第 6 节中那样，我们得到：

$$W=v+w \qquad （A）$$

但是我们也可以依据相对论来进行探讨。在方程中，

$$x'=wt'$$

我们必须引用洛伦兹变换的第一和第四个方程将 x' 和 t' 用 x 和 t 表示出来。这样我们得到的就不是方程（A），而是方程

$$W=\frac{v+w}{1+\frac{vw}{c^2}} \qquad (B)$$

上式是基于相对论的同向速度相加定理。现在出现的问题是，这两个速度相加定理中哪一个更符合实验？关于这点，我们可以从杰出的物理学家菲佐[1]在半个多世纪前[2]进行的一个极为重要的实验得到启发，后来一些最优秀的实验物理学家也重新做过这个实验，因此这个实验的结果是毋庸置疑的。这个实验涉及下列问题：光以特定速度 w 在静止的液体中传播，现在假设液体以速度 v 在管内流动，那么光在管内沿箭头（参见图 3）所指方向的传播速度是多少呢？

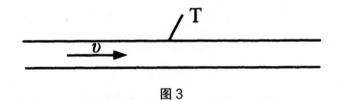

图 3

---

1 菲佐（Armand Hippolyte Louis Fizeau），1819—1896 年，法国物理学家。——译者注

2 指 1851 年。——译者注

根据相对性原理，不论液体是否相对于其他物体运动，我们都必须认定光相对于液体总是以同一速度传播。因此，光相对于液体的速度和液体相对于管的速度就都已知了，我们想求出光相对于管的速度。显然，我们又遇到了第 6 节中论述的问题。管相当于铁路路基或坐标系，液体相当于车厢或坐标系 K'，而光则相当于沿车厢走动的人或本节引入的运动质点。如果我们用 W 表示光相对于管的速度，那么 W 由方程式（A）或（B）给出，则视伽利略变换还是洛伦兹变换符合实际而定。实验[1] 得出的结果支持相对论导出的方程（B），而且非常符合。根据塞曼[2] 最近所做的极其卓越的测量，流体流速 v 对光的影响确实可以用方程（B）来表示，且误差在 1% 以内。

1907年，爱因斯坦夫妇与汉斯。

然而，我们必须注意到这样一个事实，早在相对论出现之前，洛伦兹就提出了一个关于这种现象的理论。他的理论属于电动力学范畴，并且是通过引用关于物质的电磁结构的特别假说而得出的。然而，这种情况丝毫没有削弱这一实验作为支持相对论的判决实验

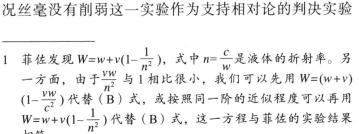

1 菲佐发现 $W=w+v(1-\frac{1}{n^2})$，式中 $n=\frac{c}{w}$ 是液体的折射率。另一方面，由于 $\frac{vw}{n^2}$ 与 1 相比很小，我们可以先用 $W=(w+v)(1-\frac{vw}{c^2})$ 代替（B）式，或按照同一阶的近似程度可以再用 $W=w+v(1-\frac{1}{n^2})$ 代替（B）式，这一方程与菲佐的实验结果相符。

2 彼得·塞曼（Pieter Zeeman）：1865—1943 年，1902 年与洛伦兹共同获得诺贝尔物理学奖。——译者注

的准确性，因为原来的理论是基于麦克斯韦－洛伦兹（Maxwell-Lorentz）的电动力学，而后者与相对论并没有任何抵触。更恰当地说，相对论是由电动力学发展而来的，是先前相互独立的用以组成电动力学本身的各个假说的一种简明的综合与概括。

14. 相对论的启发性价值

我们在前面各节的思路可以概述如下。经验导致了这样的论断，即一方面相对性原理是正确的，另一方面光在真空中的传播速度必须认为等于恒量（常数）c。将这两个公设结合起来，我们就得到关于构成自然界过程各个事件的直角坐标 x、y、z 和时间 t 的变换定律。关于这点，与经典力学不同的是，我们得到的不是伽利略变换，而是洛伦兹变换。

在这一思考过程中，我们的实际知识证实了光传播定律是正确的并起着重要的作用。一旦掌握了洛伦兹变换，我们就可以将它和相对性原理结合起来，从而总结出这个理论：

自然界的每一个普遍定律都必须如下建立：如果我们引用新坐标系 K' 的空－时变量（space-time

variables）x'、y'、z'、t' 来代替原坐标系的空-时变量 x、y、z、t，经变换后的定律形式则与原来的完全相同。这样，不带撇的量和带撇的量之间的关系由洛伦兹变换得出。简言之，自然界的普遍定律对于洛伦兹变换是协变的（co-variant）。

这是相对论对自然界定律的一个明确的数学条件，因此，相对论在帮助探索自然界的普遍定律中具有宝贵的启发作用。假如人们确实发现一个自然界的普遍定律不满足这个条件，则相对论的两个基本假设之中至少有一个是不正确的。现在就让我们来看看，到目前为止相对论已经确立了哪些普遍性结果。

15. 狭义相对论的普遍性结果

我们前面的论述清楚地表明，（狭义）相对论是从电动力学和光学发展而来的。在电动力学和光学的领域中，狭义相对论并没有对理论的预判进行多少修改，但它大大简化了理论的结构，即定律的推导过程；而且更重要的是，狭义相对论大大减少了构成理论基础的独立假设的数量。狭义相对论使麦克斯韦-洛伦兹理论看起

1911年，第一届索尔维会议（Solvay Conference）在布鲁塞尔召开，此后每三年举办一届。会上，爱因斯坦的发言给玛丽·居里（Marie Curie）留下了深刻的印象，后来二人成了真挚的朋友。

来如此合理，以致即使没有实验能明显地予以支持，这个理论也能让物理学家们普遍接受。

经典力学必须加以修正才能符合狭义相对论的要求。但是，这种修正只会影响物质的速度 v 与光速相差不大的高速运动定律，只有在涉及电子和离子时才会遇到这种高速运动。对于其他运动来说，（狭义相对论得到的结果）与经典力学的差异就会小到难以呈现出来。在我们开始讨论广义相对论之前，先不考虑天体的运动。按照相对论，质量为 m 的质点，其动能不能再表示为众所周知的公式：

$$m\frac{v^2}{2}$$

而应表示为：

$$\frac{mc^2}{\sqrt{1-\frac{v^2}{c^2}}}$$

当速度 v 趋近于光速 c 时，上式趋近于无穷大。因此，无论用来产生加速度的能量有多大，速度必定都小于 c。如果将动能的表示式以级数形式展开，我们得到

$$mc^2+m\frac{v^2}{2}+\frac{3}{8}m\frac{v^4}{c^2}+\cdots\cdots$$

如果 $\frac{v^2}{c^2}$ 与 1 相比很小，那么上式第三项与第二项相比也会很小，因此在经典力学中仅考虑第二项。第一项 mc^2 并未包含速度，如果我们只考虑质点的能量如何随速度变化这个问题，这一项也就无须考虑。我们将在后文叙述其本质上的意义。

狭义相对论所导致的具有普遍性的最重要结果是关于质量的概念。在相对论创立前，物理学已经确认了两个具有基本重要性的守恒定律，即能量守恒定律和质量守恒定律。过去，这两个基本定律看起来好像完全是相互独立的，但借助于相对论，这两个定律结合成了一个定律。我们将简短地思考一下这种结合是如何实现的，并且具有怎样的意义。

按照相对性原理的要求，能量守恒定律不仅对于坐标系 K 是成立的，而且对于每个相对于 K 做匀速平移运动的坐标系 K' 也应该是成立的，简而言之，对于每个伽利略坐标系都应该能够成立。与经典力学不同，从一个这样的坐标系过渡到另一个，洛伦兹变换是决定性因素。

通过简单的探讨，我们就可以根据这些前提，并结合麦克斯韦电动力学的基本方程式得出以下结论：如果

一个物体正以速度 v 运动，并以辐射的形式吸收了大小为 E_0 的能量[1]，且在此过程中速度并没有发生改变，则物体因吸收而增加的能量为：

$$\frac{E_0}{\sqrt{1-\dfrac{v^2}{c^2}}}$$

考虑上述关于物体动能的表达式，所求的物体的能量应为：

$$\frac{\left(m+\dfrac{E_0}{c^2}\right)c^2}{\sqrt{1-\dfrac{v^2}{c^2}}}$$

这个物体所具有的能量就与一个质量为 $\left(m+\dfrac{E_0}{c^2}\right)$，并以速度 v 运动的物体所具有的能量一样。因此我们可以说：如果一个物体吸收了大小为 E_0 的能量，那么其惯性质量（inertial mass）也应增加 $\dfrac{E_0}{c^2}$ 的量值。可见物体的惯性质量并不是一个恒量，而是会随物体能量的变化而改变。甚至可以将一个物系（a system of bodies）的惯性质量视为其能量的一种量度。于是一个物系的质量守恒定律就等同于能量守恒定律，此质量守恒定律只有在该物系既不吸收也不放出能量的情况下才成立。如果将能量的表达式写成如下形式：

$$\frac{mc^2+E_0}{\sqrt{1-\dfrac{v^2}{c^2}}}$$

---

[1] E_0 为所吸收的能量，是从与物体一起运动的坐标系判定的。

我们看到，一直吸引我们注意的项只不过是物体在吸收能量以前原来具有的能量[1]。

目前（指 1920 年，见本节末尾英文版附注）要将这个关系式与实验直接比较是不可能的，因为还无法使一个物系发生的能量变化，大到足以使所引起的惯性质量变化达到可以观察的程度。与能量发生变化前已存在的质量 m 相比，$\frac{E_0}{c^2}$ 太小了。正是由于这种情况，经典力学才能将质量守恒确立为一个具有独立有效性的定律。

最后，让我来评述一个基本问题。电磁超距作用的

1912 年，爱因斯坦与数学家阿道夫·赫尔维兹（Adolf Hurwitz）及他的女儿莉丝贝思（Lisbeth）在苏黎世一起演奏小提琴。

1　从与物体一起运动的坐标系进行判定。

法拉第－麦克斯韦诠释所获得的成功使物理学家们确信，并不存在像牛顿万有引力定律那样（不涉及中间介质）的瞬时超距作用。依据相对论，我们总是用以光速传播的超距作用来取代瞬时超距作用，即以无限大速度传播的超距作用。这点与速度 c 在相对论中起着基本重要作用的事实有关。在本书第二部分，我们将看到广义相对论是如何修正这个结果的。

英文版附注：随着 α 粒子、质子、氘核、中子或 γ 射线轰击元素引起的核变化过程（nuclear transformation process）的实现，由关系式 $E=mc^2$ 表示的质能等价性（equivalence of mass and energy）已得到充分证实。参与反应的各质量之和加上轰击粒子（或光子）的动能的等效质量，总是大于反应后所产生的各质量之和。两者之差就是所产生粒子的动能的等效质量，或者是所释放出的电磁能（γ 光子）的等效质量。同样，一个自发蜕变的放射性原子的质量，总是大于蜕变后所产生的各原子的质量之和，其差为所产生粒子的动能（或光子能）的等效质量。对核反应所释放出射线的能量进行测量，再结合这种反应的方程，就能够以很高的精确度计算出原子量。

16. 经验与狭义相对论

　　狭义相对论会在多大程度上得到经验的支持呢？这个问题是不容易回答的，理由已经在论述菲佐的重要实验时提及了。狭义相对论是电磁现象从麦克斯韦和洛伦兹关于电磁现象的理论衍化出来的。因此，所有支持电磁理论的经验事实也都支持相对论。我在这里要提及一个特别重要的事实，即相对论使我们能够预测地球相对于恒星的运动对从恒星传到地球的光所产生的效应。这些结果可以通过极其简单的方式获得，而所预示的效应已表明是与经验相符合的。我们指的是地球绕日运动所引起的恒星视位置周年运动（光行差，aberration of light），以及恒星对地球的相对运动的径向分量对于从这些恒星传到地球的光的颜色的影响。后者的效应表现为：从恒星传播到地球的光的谱线位置，与地球上的光源所产生的相同谱线的位置相比，存在微小移动（多普勒原理，Doppler principle）。支持麦克斯韦–洛伦兹理论同时也支持相对论的实验论据多到不胜枚举，事实上，这些论据对理论可能性的限制，已经达到只有麦克斯韦–洛伦兹的理论才经得起实验论证的程度。

　　但是有两类已知的实验事实，迄今只有在引入一个辅助假设后，才能用麦克斯韦–洛伦兹理论来说明，而

1913年夏，居里夫人及她的两个女儿、爱因斯坦及他的大儿子一同去阿尔卑斯山徒步旅行。图中前排左起：家庭教师南莉小姐、爱娃·居里、汉斯·爱因斯坦，后排左起：爱因斯坦、居里夫人、伊琳娜·居里。

这种假设本身——即不引用相对论——似乎不能与麦克斯韦－洛伦兹理论联系在一起。

大家知道，阴极射线和放射性物质发射出来的所谓 β 射线，是由惯性很小但速度非常大的带负电的粒子（电子）组成的。通过研究这类射线在电场和磁场影响下的偏折情况，我们能够非常精确地研究这些粒子的运动定律。

在对这些电子进行理论描述时，我们遇到了这样的困难：电动力学理论本身无法解释电子的本性。由于同种的电质量相互排斥，构成电子负的电质量（negative electrical mass）必然会在其本身相互排斥的影响下离散，除非有另外一种力作用在它们之间，但到目前为止我们还不清楚这种力的本性[1]。如果我们假设，构成电子的电质量彼此之间的相对距离在电子运动的过程中保持不变（即经典力学中所指的刚性连接），那么我们将得到一个不符合经验的电子运动定律。洛伦兹是根据纯粹形式的观点引进下列假说的第一人，电子的形状因其运动而在运动的方向上发生收缩，收缩的长度与 $\sqrt{1-\dfrac{v^2}{c^2}}$ 成正比。这个未经任何电动力学事实证明的假设，却留给我们一个特别的运动定律，并在近年以相当高的精确度得到了证实。

1　依据广义相对论，电子的电质量可能是由重力的作用而集结在一起的。

相对论也会产生同样的运动定律，而且无须借助关于电子的结构和行为等任何特殊假设。我们在第13节论述菲佐的实验时，也得出了相似的结论，相对论预言了这个实验的结果，而且无须引用关于液体的物理本性的假设。

我们所指的第二种事实涉及下列问题：地球在太空中的运动能否通过在地球上所做的实验来进行观察？我们在第5节中已经指出，所有这类想法都得到了否定的结果。在相对论提出之前，人们很难接受这个否定的结果，我们现在就来讨论其原因。人们对于时间和空间的传统偏见，不容许对伽利略变换在从一个参照系变换到另一个参照系中的首要地位产生任何怀疑。假设麦克斯韦－洛伦兹方程式对于参照系 K 是成立的，如果坐标系 K 和相对于 K 做匀速运动的坐标系 K' 之间存在着伽利略变换关系，那么我们会发现这些方程对于 K' 是不成立的。由此看来，在所有的伽利略坐标系中，对应某特定运动状态的坐标系（K）在物理上是唯一的。过去对这个结果的物理解释是，K 相对于假设的空间中的以太（ether）是静止的。另一方面，所有相对于 K 运动着的坐标系 K' 都被认为是在相对于以太运动。人们曾假设，之所以对于 K' 成立的运动定律比较复杂，是因为 K' 在相对于以太运动（相对于 K' 的以太漂移，ether-drift）。严格地说，应该假设这样的以太漂移相对于地球也是存在的；因此长久以来，物理学家们付出了巨大的努力，试图探测地球表面是否存在着以太漂移。

在这些物理学家的设想中，最值得注意的是迈克尔逊[1]设计的一种方法，看起来极具决定性。设想在一个刚体上安放两面镜子，使其反射面彼此相对。如果整个系统相对于以太静止，那么光线从一面镜子反射到另一面镜子然后返回，就需要一段完全确定的时间 T。但根据计算推得，假如这个刚体连同镜子正相对于以太运动，那么上述过程就需要一个略为不同的时间 T'。还有一点：计算表明，如果相对于以太运动的速度都为 v，那么物体垂直于镜子平面运动时的 T'，与运动平行于镜子平面时的 T' 将不相同。虽然估算出来的这两个时间的差别极为微小，但在迈克尔逊和莫雷[2]所做的涉及光干涉的实验中，这个差别是能够被清楚地观察到的。但他们的实验给出了否定的结果，这一事实令物理学家深感困惑。洛伦兹和菲茨杰拉德[3]假设物体相对于以太的运动，会使物体在运动的方向上发生收缩，且收缩量恰好足以补偿前文提到的时间上的差别，因而将理论从困境中解

---

1 阿尔伯特·亚伯拉罕·迈克尔逊（Albert Abraham Michelson）：1852—1931 年，美国物理学家，1907 年获诺贝尔物理学奖。——译者注

2 爱德华·威廉姆斯·莫雷（Edward Williams Morley）：1838—1923 年，美国化学家、物理学家。——译者注

3 乔治·弗朗西斯·菲茨杰拉德（George Francis Fitzgerald）：1851—1901 年，爱尔兰物理学家。——译者注

脱出来。与第 12 节的论述进行比较就可以看出，从相对论的观点来看，这种解决困难的方法也是对的。但如果以相对论为基础，那么解释的方法会更让人满意。按照相对论，并没有"特别优越的"（唯一的）坐标系这种东西可以用来作为引进以太观点的理由，因而不存在以太漂移，也不可能有任何实验可以演示以太漂移。此处运动物体的收缩是从相对论的两个基本原理推出的，

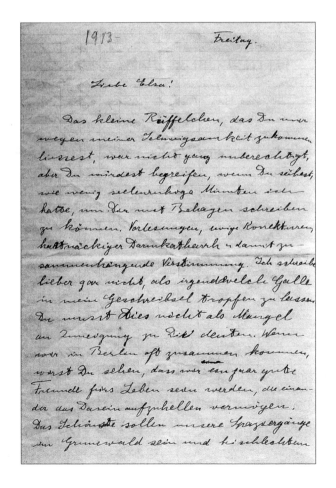

1913年11月7日，爱因斯坦写给表姐爱尔莎的信。

并不需要引进任何特定的假设；至于造成这种收缩的首要因素，我们发现，并不是运动本身——我们无法给运动本身赋予任何意义，而是相对于这一范例中选定的参照系的运动。所以，对于一个与地球一起运动的坐标系而言，迈克尔逊和莫雷的镜子系统并没有收缩，但对一个相对于太阳保持静止的坐标系而言，镜子系统的确收缩了。

17. 闵可夫斯基四维空间

如果一个人不是数学家，那么当他听到"四维的"东西时可能会感到惊异，会产生一种不可思议的感觉。但是，我们所居住的世界就是一个四维时空连续体（four-dimensional space-time continuum），这其实是一种再平凡不过的说法。

空间是一个三维连续体。这句话的意思是，我们可以用三个数（坐标）x、y、z 来表示一个（静止的）点的位置，并且在该点的邻近处有无限多个点，这些点的坐标都可以用诸如 x_1、y_1、z_1 的坐标来表示，这些坐标的值与第一个点的坐标 x、y、z 相应的值要多近就可以有多近。由于这些数值非常接近，所以我们说这整个区域是一个"连续体"，并且由于有三个坐标数值，所以我们说它是三维的。

　　同理，闵可夫斯基[1]简称为"世界（world）"的物理现象的世界，从时空上来讲就是四维的。因为物理现象的世界由各个事件组成，而每一起事件都可以通过四个数值来表示，即三个空间坐标 x、y、z 和一个时间坐标——时间量值 t。"世界"在这种意义中就是一个连续体；因为对每一起事件来说，我们愿意选取多少，其"邻近的"事件（已感觉到的或至少是可设想到的）就会有多少，这些事件的坐标 x_1、y_1、z_1、t_1 与最初的事件的坐标相差一个无穷小的量。过去，我们不习惯将世界按照这样的意义看成是一个四维连续体，因为在相对论未创立之前的物理学中，与空间坐标相比，时间扮演着一个不同且更为独立的角色。正是出于这个原因，我们才习惯于将时间看作一个独立的连续体。事实上，依据经典力学，时间是绝对的，也就是说时间与坐标系的位置和运动状态无关。这一点我们可以从伽利略变换的最后一个方程中看出来（$t'=t$）。

　　在相对论中，以四维方式来思考这个"世界"是很自然的，因为依据相对论，时间已经失去了其独立性。洛伦兹变换的第四个方程可以表明：

1　赫尔曼·闵可夫斯基（Hermann Minkowski）：1864—1909 年，德国数学家、物理学家。——译者注

1914年，米列娃和两个孩子。当时，米列娃已经和爱因斯坦分居，汉斯10岁，爱德华4岁。

$$t' = \frac{t - \dfrac{v}{c^2} x}{\sqrt{1 - \dfrac{v^2}{c^2}}}$$

而且，依照这个方程，甚至在两起事件相对于 K 的时间差 Δt 等于 0 的时候，通常这两起事件相对于 K' 的时间差 $\Delta t'$ 也不等于 0。两起事件相对于 K 的纯粹"空间距离"，成为这两起事件相对于 K' 的"时间距离"。但是闵可夫斯基这个对相对论具有重要作用的发现，在这里并没有欺骗我们，我们可以从他发现的事实中找到，相对论的四维时空连续体在其最重要的形式性质方面，与欧几里得几何空间（Euclidean geometrical space）的三维连续体有着明确的关系。[1]但是，为了表现出这一

---

1 更为详尽的论述参见附录一第 2 节。

关系的重要地位，我们必须将通常的时间坐标用一个与其成正比的虚量（imaginary magnitude）$\sqrt{-1} \cdot ct$ 表示出来。在这些条件下，满足（狭义）相对论要求的自然定律可以用数学形式表示，其中时间坐标的作用与三个空间坐标的作用完全相同。在形式上，这四个坐标与欧几里得几何学中的三个空间坐标完全相等。甚至不是数学家也能清楚地看出，由于补充了形式上的知识，相对论的表示更为清晰了。

以上这些不充分的评述只能使读者对闵可夫斯基所贡献的重要观念有一个模糊的概念。如果没有闵可夫斯基的这些观念，广义相对论（其基本观念将在本书第二部分加以阐述）恐怕无法成长。闵可夫斯基的学说对于不熟悉数学的人来说可能会难以理解，不过要理解狭义或广义相对论的基本概念，并不需要深切了解闵可夫斯基的学说，所以我目前就谈到这里，在本书第二部分的末尾再回头讨论它。

第二部分
广义相对论

18. 狭义与广义相对性原理

19. 重力场

20. 惯性质量和重力质量相等是
广义相对性公设的一个论据

21. 经典力学和狭义相对论的
基础在哪些方面无法令人满意?

……

18. 狭义与广义相对性原理

狭义相对性原理是我们此前全部论述中心的基本原理，也是所有匀速运动所具有的物理相对性的原理。让我们再来仔细分析它的意义。

从我们所接受的狭义相对性原理的观点来看，每一种运动都只能被认为是相对运动，这一点一直是很明确的。回到我们经常引用的铁路路基和车厢的例子，我们可以用以下两种方式来描述例子中出现的运动，它们同样是合理的：

（a）车厢在相对于路基运动。

（b）路基在相对于车厢运动。

当我们表述所发生的运动时，在（a）中是将路基当作参照系，而在（b）中是将车厢当作参照系。假如只是探测或描述这个运动，那么我们选择相对于哪个参照系考察这一运动，在原则上都是无关紧要的。前文已提及这一点，但我们绝不能将其与被称为"相对性原理"的更加广泛的陈述相混淆，而是将相对性原理作为研究的基础。

我们在引用原理时，可以选取车厢或路基作为我们的参照系来描述任何事件（因为这也是不言而喻的）。
我们的原理是这样规定的：如果我们在描述从经验得来
的自然界的普遍定律时引用

　　（a）路基作为参照系；

　　（b）车厢作为参照系；

　　那么这些自然界的普遍定律（例如力学定律或光
在真空中的传播定律）在这两种情况中的形式是完全
一样的。这一点也可以这样表述：对于自然过程的物
理描述而言，在参照系 K 和 K' 中没有哪一个是唯一的
（unique，字面意义是"特别标出的"）。与第一个陈述
不同，后一个陈述就先验的观点而言并不一定是成立
的；这个陈述并不包含在"运动"和"参照系"的概念

1915年9月17日，爱
因斯坦写给未来继
女伊尔莎和玛格特
的明信片。

中，也无法从它们中得出，唯有经验才能判定这个陈述是否正确。

但是，到目前为止，我们根本没有认定所有参照系 K 在表述自然定律方面具有等效性。我们的思路主要如下。

首先，我们假设存在一个参照系 K，它的运动状态符合伽利略定律——一个不受外界作用并离其他质点足够远的质点，沿直线做匀速运动，这个参照系 K（伽利略参照系）表述的自然定律应该是最简单的。但是除了 K 以外，所有参照参照系 K' 表述的自然定律也应该是最简单的，只要这些参照系相对于 K 处于匀速直线无转动运动（uniform rectilinear and non-rotary motion）状态，这些参照系在表述自然定律上就应完全等效于 K，所有这些参照系都应被认为是伽利略参照系。迄今为止，我们假设相对性原理只有对这些参照系才是成立的，而对于其他参照系（例如具有另一种运动状态的参照系）则是不成立的。在这一意义上，我们称其为狭义相对性原理或狭义相对论。

与此对比，我们将"广义相对性原理"（general principle of relativity）理解为：所有参照系 K、K' 等，不论其运动状态如何，描述自然现象（表述自然界的普遍定律）都是等效的。但在继续讨论之前应该指出，这一陈述以后应该会由一个更为抽象的陈述来取代，其理由届时自可明白。

　　由于狭义相对性原理的合理性已被证实，因此每一个追求普遍结果的有识之士，都会朝着广义相对性原理的探索之路前进。但是从一种简单且表面上颇为可靠的考虑来看，似乎至少在目前来说这种努力成功的希望很小。让我们再回到我们的老相识——以匀速行驶的火车车厢。只要车厢做匀速运动，那么车厢里的人就不会感受到车厢的运动；由于这个理由，车厢中的人会毫不犹豫地解释说：这个例子表明车厢是静止的，而路基在运动。依据狭义相对性原理，这种解释从物理观点来看也是十分合理的。

　　假如车厢的运动变为非匀速运动，例如猛然刹车，那么车厢里的人会感受到一种相应的朝前的猛烈拉力。这种减速运动是车厢相对于车厢里的人表现出来的力学行为，这种力学行为与上述例子中的力学行为不同；因为这一理由，对于静止或做匀速运动的车厢成立的力学定律，并不能适用于做非匀速运动的车厢。总之，伽利略定律显然并不适用于做非匀速运动的车厢。因此，我们认为目前不得不暂时采取一种违反广义相对性原理的做法，对非匀速运动赋予一种绝对的物理实在性（absolute physical reality），但我们在下文就会看到，这一结论是无法成立的。

19. 重力场

"假如我捡起一块石头，然后放开手，为什么石头会落到地上呢？"通常这个问题的答案是："因为石块受到了地球的吸引。"现代物理学的答案则不同，其理由如下。

对电磁现象的仔细研究使我们产生了这样的看法，如果没有某种中间介质在其间起作用，那么超距作用就不会发生。例如，磁铁吸引一块铁片，假如这意味着磁铁穿过两者间一无所有的空间直接作用于铁片，我们是不会满意这个解释的；我们不得不按照法拉第的方法，设想磁铁总是在其周围的空间中产生某种具有物理实在

爱因斯坦表姐爱尔莎的两个女儿：伊尔莎和玛格特，后改姓爱因斯坦。约1912年拍摄于柏林。

性的东西，这种东西就是我们所称的"磁场"。磁场作用在铁片上，使铁片朝磁铁运动。我们先不讨论这个概念是否合理，这个概念确实有些随意。我们只提一点，借助这个概念，电磁现象的理论表述会比不借助它更令人满意，而对于电磁波的传播更是如此。我们也可以用类似的方式来看待重力（引力，gravitation）的效应。

地球并不会对石块产生直接作用。地球在其周围产生重力场（gravitational field），重力场作用于石块，引起石块的下落运动。我们从经验得知，当我们离地球越来越远时，地球对物体的作用强度会按照明确的定律逐渐减小。从我们的观点来看，这意味着为了正确表述重力作用如何随着物体与受作用物体间距离的增加而减小，支配空间中重力场性质的定律必须是一个完全确定的定律。大体上可以这样理解：物体（例如地球）在其附近直接产生一个场，场在离物体更远处的各点上的强度和方向，就由支配此重力场本身的空间性质的定律所决定。

与电场和磁场对比，重力场呈现出一个极其显著的性质，这一性质对以下论述十分重要。单独受重力场的影响而运动着的物体，会得到一个加速度，这一加速度的大小与物体的材料和物理状态无关。例如，在重力场中有一块铅和一块木头，都是从静止状态或以相同的初速度开始下落，则它们下落的方式将完全相同（在真空中）。这个非常精确的定律可以表述为另一种形式。

按照牛顿运动定律，我们有

$$（力）=（惯性质量）\times（加速度）$$

其中"惯性质量"（inertial mass）是被加速的物体的一个特征恒量。如果重力是加速度的起因，我们就有

$$（力）=（重力质量）\times（重力场强度）$$

其中"重力质量"（gravitational mass）同样是物体的一个特征恒量。从以上两式可得：

$$（加速度）=\frac{（重力质量）}{（惯性质量）}\times（重力场强度）$$

假如正如我们从经验中发现的那样，加速度与物体的材料和状态无关，并且对给定的重力场和加速度总是一样的，那么重力质量与惯性质量的比值，对一切物体而言也必然是一样的。选取适当的单位，我们可以使其比值等于1。于是，我们得出下列定律：一个物体的重力质量等于其惯性质量。

这个重要的定律过去已经被记载在力学中，然而并没有得到解释。我们必须承认下列事实才能得到满意的解释：物体的同一个性质视所处的环境不同，或表现为"惯性"，或表现为"重量"（weight，字面意义是"重性"，heaviness）。在下节中我们将说明这一情况真实到何种程度，以及这个问题如何与广义相对性公设（general postulate of relativity）相联系。

20. 惯性质量和重力质量相等是 广义相对性公设的一个论据

我们想象一个很大的、一无所有的空间，这里离恒星及其他可以感知到的质量都非常遥远，可以认为我们已经近似地拥有了伽利略基本定律所要求的条件。于是，我们可以为这部分空间（世界）选取一个伽利略参照系，相对于此参照系，静止的点继续保持静止，而运动的点继续做匀速直线运动。我们将参照系设想为一个如同房间的宽大箱子，里面有一位配备了仪器的观察者。对这位观察者而言，重力自然不存在，他必须用绳子将自己拴在地板上，否则他只要轻触地板就会慢慢升向房间的天花板。

箱盖外面正中有一个系着绳索的钩子，现在想象一个"生物"（是什么生物对我们来说并不重要）开始用一个恒定的力拉绳索，于是箱子连同观察者开始以匀加速运动"朝上"移动。倘若从另一个未被绳索牵拉的参照系来观察这一切的话，经过一段时间后我们会发现，他们将达到一个前所未有的高速度。

但是箱内的人是如何看待这一过程的呢？箱子的加速度将通过箱子地板的反作用传给他。因此，假如他不愿意整个人躺倒在地板上，他就必须用他的双腿来承受

1916年的爱因斯坦。

压力。于是，他站立在箱子内的情形如同任何一个人站立在地球上的一个房间内一样。假如他松手放开一个原来拿在手中的物体，箱子的加速度就不会再传到这个物体上，因此这个物体将以相对的加速运动（accelerated relative motion）落到箱子的地板上。观察者将进一步断定：不论实验中的物体是什么，物体朝向箱子地板的加速度总是相同的。

依靠他对重力场的知识（如同前文所讨论的），箱内的人将会得出下列结论：自己和箱子正处在一个对时间

1916年11月，大儿子汉斯写给爱因斯坦的信。

而言是恒定不变的重力场中。当然，他可能会一时感到迷惑不解，为什么箱子不会在这个重力场中降落。但是就在这个时候，他发现了箱盖中央的钩子及其相连的绳索，就会产生这样的结论：箱子是静止地悬挂在重力场中的。

我们是否应该取笑这个人，说他的结论错了呢？假如我们希望前后保持一致的话，我认为我们并不应该这样做，我们反而应该承认他掌握情况的方式既有道理又不违反已知的力学定律。虽然我们先前认定箱子相对于"伽利略空间"在做加速运动，但我们也可以认定箱子是静止的。于是，我们有了充分的根据将相对性原理推广到相互做加速运动的参照系中，我们也因此获得了关于广义相对性公设的一个有力论据。

我们必须注意到，这种解释方式的可能性是基于重力场使一切物体得到相同的加速度这一基本性质，或者说，是基于惯性质量和重力质量相等这一定律。假如这个自然定律不存在，那么在做加速运动的箱子内的人就不能先假设一个重力场来解释他周围物体的行为，也就没有理由根据经验假设他的参照系是"静止的"了。

假设箱子里的人在箱盖里面系一根绳子，然后在绳子的另一端拴上一个物体，会使绳子伸长并"垂直地"悬挂着。假如我们问使绳子产生张力的原因，箱内的人会说："悬垂着的物体在重力场中受到一个向下的力，这个力与绳子的张力相平衡；决定绳子张力大小的是悬垂物体的重力质量。"另一方面，自由地平衡在太空中的观察者会这样解释这一情况："绳子参与了箱子的加速运动，并将这种运动传递给拴在绳子上的物体。绳子张力的大小恰好足以引起物体的加速度。决定绳子张力大小的是物体的惯性质量。"从这个例子中我们可以看到，我们对相对性原理的推广隐含着惯性质量和重力质量相等这一定律的必然性。由此我们就得到了这个定律的一个物理解释。

通过这个做加速运动的箱子的例子，我们可以发现：一个广义的相对论必然会对各重力定律产生重要的结果。事实上，对广义相对性观念的系统研究，已经补充了重力场所需满足的一些定律。但是，在继续谈下去之前，我必须提醒读者不要接受这些论述所隐含的一个错误观念。对于箱内的人而言，存在着一个重力场，但对最初选定的坐标系而言，并不存在这样的"场"。现在我们可能轻易地假设：重力场的存在永远只是表面上的。我们也可以这样认为，无论存在着什么样的重力场，我们总是能够选取另一个参照系，使得对该参照系而言没有重力场的存在。上述论述并不适用于所有重力场，只适用于那些具有特殊形式的重力场。例如，我们不可能选取一个参照系，使得以这个参照系判定时地球的重力场（就其整体而言）会消失。

现在我们可以认识到，为什么我们在第18节末尾提出的反对广义相对性原理的论据无法令人信服。火车车厢内的观察者由于刹车而感受到一个向前的拉力，并由此察觉到车厢的非匀速运动（阻滞），这一点当然是真实的，但是谁也没有强迫他将拉力归因于车厢的"实在的"加速度（阻滞）。他也可以这样解释他的经验："我的参照系（车厢）一直保持静止。但是，相对于这个参照系（在刹车期间）存在着一个向前且随时间改变的重力场。在这个重力场的影响下，路基连同地球以这样的方式做非匀速运动，即它们向后的原有速度正在不断递减。"

21. 经典力学和狭义相对论的基础在哪些方面无法令人满意？

我们已经数次提及经典力学源于下列定律：离其他质点足够远的质点继续做匀速直线运动，或继续保持静止状态。我们也曾一再强调，这个基本定律只对一群具有某些特定运动状态，且彼此做匀速平移运动的参考体 K 才成立。相对于其他参照系 K'，这个定律就不成立。所

1　这里的 K' 原文作 K，为表示区别改为 K'，以下不再说明。——译者注

1916年，爱因斯坦发表于《物理年鉴》（Annals of Physics）的《广义相对论的基础》的手稿，他在这篇文章中第一次系统地阐释了广义相对论。

以我们在经典力学和狭义相对论中都将参照系 K 和参照系 K' 区分开：相对于参照系 K，公认的"自然定律"可以说是成立的；但相对于参照系 K'，这些定律就不成立。

但凡是思想方法合乎逻辑的人，谁也不会满足于这种状况。他会问："为什么要认定某些参照系（或它们的运动状态）比其他参照系（或它们的运动状态）更优越呢？怎么会有这种理由呢？"为了讲清楚我提出这个问题的意思，我来举一个例子。

我站在一个煤气灶前面，灶上并排放着两口平底锅，两口锅非常相像，很容易让人认错，且两口锅中都盛着一半的水。我注意到一口锅不断冒出蒸汽，而另一口锅则没有。即使我以前从来没有见过煤气灶或者平底锅，我也会对这种情况感到奇怪。但假如这时我注意到在第一口锅底下有一种蓝色的发光物，而在另一口锅底下则没有，那么我就不会再感到惊讶，即使我以前从来没见过煤气火焰。因为我只要说是这个蓝色的物质使锅里冒出蒸汽，或至少可能是如此。但假如我注意到两口锅底下都没有什么蓝色的物质，并且假如我还观察到其中一口锅不断冒出蒸汽而另一口锅没有，那么我会一直感到惊讶和不满足，直到我发现某种情况可以说明这两口锅的不同。

同理，我在经典力学（或在狭义相对论）中找不到一个实在的东西，能够用来说明为什么相对于参照系 K

和 K' 来思考时，物体会有不同的表现[1]。牛顿看到了这一缺陷并曾试图消除它，但并没有成功。只有马赫[2]对它看得最清楚，而且因为这一缺陷，他宣称必须将力学置于一个新基础上。只有借助与广义相对性原理一致的物理学，才能消除这个缺陷，因为这一理论的方程式对于一切参照系来说，不论其运动状态如何，都是成立的。

22. 广义相对性原理的几个推论

第 20 节的论述表明，广义相对性原理能够使我们以纯理论方式，导出重力场的性质。举例来说，假设我们已知一个发生在伽利略区域（Galilean domain）中的自然过程，并且已知它相对于一个伽利略参照系 K 是如何发生的，也就是说，已经知道该自然过程的时空"进程"（spacetime "course"）；借助纯理论运算（也就是

1　这一缺陷在下列情况中尤为严重，即当参照系的运动状态无需任何外力维持时，例如当参照系正在做匀速运动的情况。

2　恩斯特·马赫（Ernst Mach）：1838—1916 年，奥地利物理学家、哲学家，他的著作对爱因斯坦产生了深远的影响。——译者注

只通过计算），我们就能从一个相对于 K 做加速运动的参照系 K' 来观察这个自然过程的表现。但是由于对这个新的参照系 K' 而言，存在着一个重力场，所以以上的例子也会告诉我们，重力场是如何影响研究过程的。

1917年7月，爱因斯坦的两个儿子：汉斯和爱德华，摄于阿罗萨（Arosa）。

　　例如，一个相对于 K（按照伽利略定律）做匀速直线运动的物体，它相对于做加速运动的参照系 K'（箱子）是在做加速运动，且一般是曲线运动。这种加速度或曲率（curvature）相当于相对于 K' 存在的重力场对运动物体的影响。人们已经知道重力场会以这种方式影响物体的运动，因此以上思考过程并没有为我们提供任何本质上的新结果。

　　然而，当我们对一道光线进行类似的思考时，将得到一个重要的新结果。相对于伽利略参照系 K，这样的一道光线沿直线以速度 c 传播。容易证明，当我们相对于做加速运动的箱子（参照系 K'）来思考同一道光线时，它的路径不再是一条直线。由此我们得出结论：光线在重力场中一般沿曲线传播。这一结果在两个方面具有重大意义。

　　首先，这个结果可以和实际进行比较。虽然对这一问题的详尽研究表明，按照广义相对论，光线穿过我们在实际上可以利用的重力场时，只有极其微小的曲率；

但是以掠入射（grazing incidence）方式经过太阳的光线，其曲率的估算值达到 1.7"（弧秒）。这应该是以下列方式表现出来。

从地球上观察，某些恒星看起来是在太阳附近，因此在日全食时，我们能够观测到这些恒星。此时，这些恒星在天空的视位置与它们当太阳位于天空其他部位时的视位置相比应该偏离太阳，偏离的数值如上所示。检验这个推断是否正确是一个极其重要的问题，希望天文学家能够尽早解决。[1]

其次，我们的结果表明，依据广义相对论，我们时常提到的作为狭义相对论的两个基本定律之一，即光在真空中速度恒定这个定律，就不能被认为具有无限的有效性。光线的弯曲只有在光的传播速度随位置而改变时才会发生。或许我们会认为，由于这种情况，狭义相对论甚至整个相对论都将化为灰烬。但实际上并非如此，我们只能得出这样的结论：狭义相对论的有效性并不是无止境的，只有当我们不必考虑重力场对现象（例如光的现象）的影响时，狭义相对论的结果才成立。

由于反对相对论的人时常争辩说狭义相对论被广义相对论推翻了，因此用一个适当的例子来将这个问题的

1　理论所要求的光线偏转，首次于 1919 年 5 月 29 日的日食期间，被英国皇家学会和皇家天文学会的一个联合委员会所组建的两支远征观测队的摄影星图所证实（见附录一第 3 节）。

11. XI. 1918.

Meine Lieben!

Das Grosse ist geschehen! Ich hatte jeglichen Zusammenbruch der Ordnung befürchtet. Aber bis jetzt ist die Bewegung wahrhaft imposant verlaufen, das grösste äussere Erlebnis, was denkbar war. Und was das drolligste ist, die Menschen fanden sich merkwürdig leicht darein. Dass ich das erleben durfte!! Keine Pleite ist so gross, dass man sie nicht gerne in Kauf nähme um so einer herrlichen Kompensation willen. Bei uns ist der Militarismus und der Geheimratsdusel gründlich beseitigt.

Herzlichen Glückwunsch übrigens zu Deinem Geburtstag l. Maja. Wenns möglich ist, schicke ich Dir auch ein bisserl was.

Uns geht es bisher allen gut, auch gesundheitlich.

Beste Grüsse von Eurem

Albert.

A. Einstein Archive
29-388

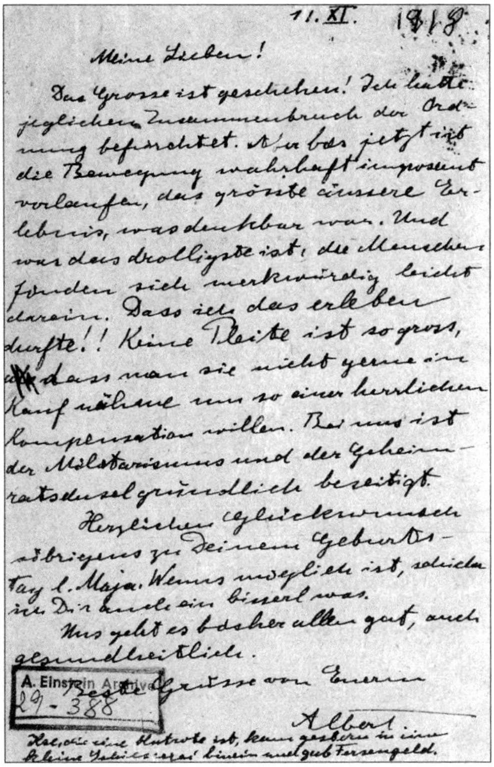

1918年11月9日，爱因斯坦在笔记本上标注“（讲座）因革命取消了”。两天后，他满怀热情地告诉妹妹玛雅和妹夫保罗柏林政府被推翻的消息。图中是1918年11月11日爱因斯坦寄给妹妹和妹夫的明信片。

实质讲清楚也许就很有必要了。在电动力学发展之前，静电学定律被看作是电学定律。现在我们知道，只有在电质量彼此之间以及它们相对于坐标系完全保持静止的情况下——这是永远无法严格实现的——才能够从静电学的角度思考并正确地推导出电场。我们是否可以说，由于这个理由，静电学被电动力学的麦克斯韦场方程推翻了呢？绝对不可以。静电学作为一种极限情况被包含在电动力学中；在场不随时间而改变的情况下，可直接从电动力学的定律得出静电学定律。任何物理理论都不可能有比这更好的命运了，即一个理论本身指出创立一个更为全面的理论的道路，而在这个更为全面的理论中，原来的理论作为一种极限情况会继续存在下去。

在刚才讨论的关于光传播的例子中，我们已经看到，广义相对论使我们能够从理论上推导出重力场对自然过程进程的影响，这些自然过程的定律在重力场不存在时就是已知的。但最引人注意的问题是关于对重力场本身所满足的定律的研究，广义相对论为这个问题的解答提供了线索。

我们已经熟悉在适当选取参照系之后（近似地）处于"伽利略"形式的时空区域，也就是不存在重力场的区域。假如我们相对于一个不论做何种运动的参照系 K' 来思考这一区域，那么相对于 K' 就存在一个重力场，这个重力场对于空间和时间是可变的。[1]这个重力场的特性取决于为 K' 选定的运动。依据广义相对论，所有能够按照这种方式得到的重力场都必须满足普遍的重力场定律。虽然绝不是所有重力场都能通过这种方式产生，但我们仍然可以期待普遍的重力定律，能够由一些特殊重力场推导出来。这个期待已经以最美妙的方式实现了，但从看清这个目标到真正实现它，必须克服一个严重的困难。由于这个问题具有深刻的意义，我不敢对读者略而不谈。我们必须进一步推广我们对时空连续体的概念。

---

1 这一点可由第 20 节的讨论推导得出。

23. 在转动参照系上的钟与量杆的行为

到目前为止，我在广义相对论中故意避免谈到空间数据和时间数据的物理解释。因此，我在论述中犯了一些潦草处理的错误，我们从狭义相对论知道这绝非无关紧要或可被原谅，而现在正是弥补这个缺陷的恰当时刻。但在开始前我需要提一点，这个问题非常考验读者的耐心和抽象能力。

我们还是从以前常引用的十分特殊的例子开始。让我们想象一个时空区域，这里对一个其运动状态已适当选定的参照系 K 而言，并不存在重力场。就我们想象的区域而言，K 就是一个伽利略参照系，并且狭义相对论的结果对于 K 是成立的。假设我们参照另一个参照系 K' 来思考同一个区域，K' 相对于 K 做匀速运动。为了使我们的观念更明确，我们设想 K' 具有平面圆盘的形状，这个圆盘在其自身的平面内，绕其中心做匀速转动。在圆盘 K' 上离开盘心而坐的一名观察者，会感受到沿径向向外作用的一个力，相对于原来的参照系 K 保持静止的一名观察者，曾把这个力解释为一种惯性效应（离心力）。但坐在盘上的观察者可以将他的圆盘当作"静止的"参照系；依据广义相对性原理，他是可以这样想的。他曾

1919年9月27日，爱因斯坦母亲的身体每况愈下，他赶忙写信分享尚未公布的科学事件：天文学家阿瑟·爱丁顿（Arthur Eddington）和他的团队拍摄的照片证明了自己的预测是正确的。

把作用在自己身上以及事实上作用在所有其他相对于圆盘保持静止的物体的力，看作是一个重力场的效应。然而，按照牛顿的重力理论，这个重力场的空间分布是不可能的。[1]但是由于这个观察者相信广义相对论，所以这

---

1 这个重力场在圆盘的中心消失，且场值由中心向外增大并与距中心的距离成正比。

一点并没有对他产生困扰；他有十分正常的理由相信能建立起一个普通的重力理论——这个定律不仅可以解释众星的运动，还可以解释观察者自身所感受到的力场。

这位观察者在他的圆盘上用钟和量杆来做实验。他这样做的意图是要得出确切的定义，来表达相对于圆盘 K' 的时间数据和空间数据的含义，这些定义是以他的观察为基础的。他这样做将会获得怎样的经验呢？

首先，他取来两只构造完全相同的钟，一只放在圆盘中心，另一只放在圆盘边缘，此时它们相对于圆盘是保持静止的。我们现在问自己，从非转动的伽利略参照系的角度来看，这两只钟是否走得一样快？从这个参照系来判断，放在圆盘中心的钟并不具有速度，而由于圆盘的转动，放在圆盘边缘的钟相对于 K 是运动的。根据第 12 节得出的结果可知，第二只钟永远比放在圆盘中心的钟走得慢，也就是说，从 K 来观察情况将会如此。显然，我们设想的坐在圆盘中心那只钟旁边的观察者，也会察觉到同样的效应。因此，在我们的圆盘上，或者把情况说得更普遍一些，在每一个重力场中，一只钟走得快或走得慢，要看它（静止地）所放的位置在哪里。由于这个原因，要借助相对于参照系静止放置的钟来得出合理的时间定义是不可能的。我们想要在这样一个例子中引用我们早先的同时性定义也曾遇到过同样的困难，但我不想再进一步讨论这个问题。

此外，在这个阶段，空间坐标的定义也遇到了无法克服的困难。假如这名观察者将他的标准量杆（与圆盘半径相比一根很短的杆）沿切线方向置于圆盘边上，那么从伽利略坐标系来判定，这根杆的长度将小于 1，因为依据第 12 节，运动的物体在运动的方向上会发生收缩。另一方面，如果将量杆沿半径方向置于圆盘上，从 K 来判定时，量杆并不会缩短。那么，假如这名观察者用他的量杆先量出圆盘的圆周，然后量出圆盘的半径，两者相除，他所得到的商将不会是大家熟知的数 $\pi=3.14\cdots\cdots$，而是一个较大的数[1]；当然，如果圆盘与 K 保持相对静止，上述操作一定会得出 π。这就证明，在转动的圆盘上，或者普遍地说在一个重力场中，欧几里得几何学的命题严格上并不能成立，至少当我们把量杆在所有位置和每一个取向的长度都当成 1 的时候就会如此。因此，直线的观念也就会失去意义。所以我们无法借助于在讨论狭义相对论时所使用的方法，相对于圆盘 K 来下坐标 x、y、z 的定义；但只要事件的坐标和时间尚未定义，我们就无法给事件中出现的任何自然定律赋予严格的意义。

这样，我们以前基于广义相对论得出的所有结论可能都有问题。事实上，我们必须做一个巧妙的迂回，才

---

1 在整个讨论的过程中，我们必须使用伽利略（无转动的）坐标系 K 作为参照系，因为我们只能假设狭义相对论的结果相对于 K 才有效（相对于 K' 有一个重力场存在）。

能精确地应用广义相对论的公设。我将在以下几节中帮助读者做好这方面的准备。

24.　欧几里得与非欧几里得 连续区

　　我的面前是一张大理石桌的桌面。在桌面上，我可以按下列方式从任意一点到其他任意一点，即连续地从一点移到"邻近的"一点，并重复这个过程若干（许多）次，换句话说，即不需要从一点"跳跃"到另一点。我相信读者一定能够清楚地了解，我在这里所说的"邻近的"和"跳跃"是什么意思（假如他不过于咬文嚼字的话）。我们将桌面描述为一个连续体来表示桌面的上述性质。

　　我们设想已经做好了许多长度相等的小杆，它们的长度比这块大理石板的大小短很多。这些小杆的长度相等，也就是说，把其中一根与任意一根叠放起来，它们的两端都能重合。其次，我们取四根小杆放在大理石板上构成一个四边形（正方形），这个四边形的对角线是等长的。为保证对角线的长度相等，我们另外还用了一

1919年，爱因斯坦与其表姐爱尔莎结婚。

根小测杆（testing-rod）。我们在这个正方形的四边各加上一个相同的正方形，加上的每一个正方形都有一根与原来的正方形共用的杆。我们继续这样摆放正方形，直到最后整块大理石板都铺满了正方形为止。最终所有正方形是这样排列的：一个正方形的每一边都属于两个正方形，而每一个角（corner）都属于四个正方形。

　　我们可以完成上述工作却没有遇到极大的困难，还真是一个奇迹。我们只需想一想下列情况。任何时刻只要三个正方形相会于一个角，那么第四个正方形的两边就已经摆出，因此这个正方形余下两边的排列位置也就已经完全决定下来。但此时我就不能再调整这个四边形使它的两根对角线等长了。如果这两根对角线自然而然等长，那么这是大理石板和小杆的特别恩赐，对此我只能怀着感激的心情惊讶不已。假如前文描述的作图法能够成功的话，我们必然会经历许多次这样令人惊奇的事情。

　　假如凡事都能真正顺利地进行，那么我就说大理石板上的各点对于曾被当作距离（线段）使用的小杆而言构成了一个欧几里得连续体。选取一个正方形的一个角作为"原点"，我就能用两个数来表示任意一个正方形的任意一个角相对于这个原点的位置。我只需说明，从原点出发先向"右"走再向"上"走，必须经过多少根杆子才能到达所选的正方形的角。这两个数就是这个角相对于由小杆的排列而确定的"笛卡尔坐标系"的"笛卡尔坐标"。

1920年，爱因斯坦（左一）与朗之万（右三）等人。

假如将上述抽象实验进行如下改变，我们知道这个实验必然无法在某些情况下成功。我们假设这些杆子会"膨胀"，膨胀的量值与温度升高的量值成正比。我们加热大理石板的中心部分，但不加热周围；在这种情况下，我们仍然能够使两根小杆在桌面的任意位置上重合。但在加热期间我们的正方形作图法必然会受到影响，因为放在桌面中心部分的小杆膨胀了，而放在外围部分的小杆则没有膨胀。

对于我们的小杆（定义为单位长度）而言，这块大理石板不再是欧几里得连续体，并且我们也不能再直接借助于这些小杆来定义笛卡尔坐标，因为上述作图法已无法实现。但由于其他一些事物并不会像这些小杆一样受到桌子温度的影响（或许丝毫不受影响），因此我们可以十分自然地支持这块大理石板仍是一个"欧几里得连续体"这种观点。倘若我们对长度的度量或比较进行了更巧妙的约定，则能够以令人满意的方式实现上述目标。

但是，如果将各种杆子（也就是用各种材料制作的杆子）放在不均匀加热的大理石板上时，它们对温度的反应都一样，并且假如我们除了杆子在与上述实验相类似的实验中的几何行为之外，没有其他的方法来探测温度的效应，那么最好的办法就是：只要我们使一根杆子的两端与石板上的两端相重合，我们就规定这两点间的距离为1；因为除此之外，我们又应该如何来定义距离，才不至于在极大程度上犯粗略任意的错误呢？于是我们必须舍弃笛卡尔坐标的方法，而代之以一种假设欧几里得几何学不通用于刚体的方法。[1] 读者会注意到，这里描述的局面与广义相对性原理导致的局面（第 23 节）是一致的。

25. 高斯坐标

　　按照高斯[2]的论述，我们可以按照下面的例子 v 来实

1　我们的问题也曾出现在数学家面前。假设我们给定一个欧几里得三维空间中的面（例如椭球面），那么对于这个面正如同对于一个平面那样，存在着一种二维几何学。高斯曾试图从若干第一原理（first principle）出发来论述这种二维几何学，而不利用这个面是属于欧几里得三维连续体这一事实。如果想利用刚性杆在这个面上作图（与上述在大理石板上作图类似），我们就会发现：适用于这些作图法的定律，与那些基于欧几里得平面几何学得出的定律不同。这个面对于这些杆而言并不是一个欧几里得连续体，因此我们不可能在这个面上定义笛卡尔坐标。高斯指出了处理这个面上的几何关系的原则，从而指明了引向黎曼（Riemann）处理多维非欧几里得连续体方法的道路。所以，数学家在很早以前就已经解决了广义相对性公设所引起的形式问题。

2　卡尔·弗里德里希·高斯（Carl Friedrich Gauss）：1777—1855年，德国数学家、天文学家、物理学家。——译者注

现将分析方法与几何方法结合起来的问题处理方式。我们设想在桌面上画有一个任意曲线系（见图4）。我们称这些曲线为 u 曲线（u-curves），并用数字来表示每一条曲线。

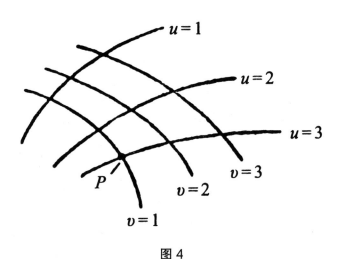

图4

　　图中画出了曲线 $u=1$、$u=2$ 和 $u=3$。我们设想在曲线 $u=1$ 和 $u=2$ 之间还画有无限多条曲线，这些曲线都可以用 1 和 2 之间的实数来表示。这样我们就会得到一个 u 曲线系，而且这个"无限密集"曲线系布满了整个桌面。这些曲线彼此不能相交，即桌面上的每一点都必须有且仅有一条 u 曲线通过，因此大理石桌面上的每一个点都具有一个完全确定的值。我们再设想以同样方式在这个桌面上画一个 v 曲线系。这些 v 曲线所满足的条件与 u 曲线相同，每一条曲线也同样用数字来表示，并且它们同样也可以具有任意形状。于是，桌面上的每一个点都会有一个 u 值和一个 v 值，我们称这两个数为桌面的坐标（高斯坐标，Gaussian co-ordinate）。例如，图中 P 点的高斯坐标为 $u=3$，$v=1$。桌面上相邻的两点 P 和 P' 就对应于坐标

$$P : u, v$$
$$P' : u+\mathrm{d}u, v+\mathrm{d}v$$

式中 $\mathrm{d}u$ 和 $\mathrm{d}v$ 表示很小的数。同样，我们可以用一个很小的数 $\mathrm{d}s$ 来表示用一根小杆量得的 P 和 P' 之间的距离（线间隔，line-interval）。于是，依据高斯的论述，我们得到了

$$\mathrm{d}s^2 = g_{11}\mathrm{d}u^2 + 2g_{12}\mathrm{d}u\mathrm{d}v + g_{22}\mathrm{d}v^2$$

式中 g_{11}、g_{12}、g_{22} 完全取决于 u 和 v 的量。g_{11}、g_{12}、g_{22} 的量决定了小杆相对于 u 曲线和 v 曲线的行为，因此也就决定了小杆相对于桌面的行为。只有在例子中的桌面上的各个点相对于量杆构成一个欧几里得连续体的情况下，我们才能简单地按照下式来画出并用数字表示出 u 曲线和 v 曲线：

$$\mathrm{d}s^2 = \mathrm{d}u^2 + \mathrm{d}v^2$$

在这样的条件下，u 曲线和 v 曲线就是欧几里得几何学中的直线，而且它们相互垂直。此处的高斯坐标也就是笛卡尔坐标。显然，高斯坐标不过是两组数与所考虑的平面中各点的一种缔合（association），这种缔合具有如下性质，即彼此相差很微小的数值与"空间中"

各相邻点相缔合。

到目前为止，以上论述适用于二维连续体。但是高斯的方法也可以应用于三维、四维甚至更高维的连续体。举例来说，假如我们有一个四维连续体，我们就可以用下列方法来表示这个连续体。对于这个连续体中的每一个点，我们任意用四个数与它相缔合，这四个数就被称为"坐标"。相邻的点对应于相邻的坐标值。假如距离 ds 与相邻点 P 和 P' 相缔合，并且从物理学的观点来看这一距离是可以被测量且明确定义的，那么下式成立：

爱因斯坦在柏林的书房。

$$ds^2 = g_{11}dx_1^2 + 2g_{12}dx_1dx_2 + \cdots + g_{44}dx_4^2$$

式中 g_{11} 等量的值随连续体中的位置变化而变化。只有当这个连续体是一个欧几里得连续体时，才有可能将坐标 $x_1, \cdots, x_4$ 与这个连续体中的点简单地缔合起来，使得我们有：

$$ds^2 = dx_1^2 + dx_2^2 + dx_3^2 + dx_4^2$$

在这种情况下，适用于这个四维连续体的关系式会与适用于三维测量的关系式相类似。

然而，我们在上面给出的表述 ds^2 的高斯方法并非总是成立的。只有当所考虑的连续体中足够小的区域可以被视为欧几里得连续体时，上述方法才适用。比方说，就大理石桌面和局部温度变化的例子而言，这一点显然成立。对于石板的一小部分而言，温度实际上可当作恒量；因而小杆的几何行为几乎能够符合欧几里得几何学的法则。因此，上节所述的正方形作图法的缺陷，要到这些图扩展到占桌面相当大的部分时，才会明显表现出来。

至此，我们可以这样总结：高斯发明了一般连续体的数学表述方法，其中定义了"大小关系"（size-relation，即相邻点间的"距离"）。对连续体中的每个点都可以用若干个数（高斯坐标）表示出来，连续体有多少个维度就用多少个数来表示。因为每个点所标出的数只能有一个意义，并且相邻各点应该用彼此相差一个无穷小量的数（高斯坐标）来表示。高斯坐标系是笛卡尔坐标系的一个合乎逻辑的推广。高斯坐标系也可以适用于非欧几里得连续体，但只有在下列情况中才可以：相对于所定义的"大小"或"距离"而言，当我们所考虑

1920年，爱因斯坦与他的朋友们在挪威奥斯陆附近的森林中野餐。

的连续体的各个小部分越小时，其行为就会越像一个真正的欧几里得系统（Euclidean system）。

26. 狭义相对论的时空连续体可视为欧几里得连续体

我们现在可以更为精确地表述闵可夫斯基的观念——这个在第 17 节中被含糊提及的观念。依据狭义相对论，我们需要优先使用某些坐标系来描述四维时空连续体，这就是"伽利略坐标系"。我们已经在本书第一部分详细讲述过，如何在这些坐标系中确定一个事件，或者说如何确定四维时空连续体中一个点所用的坐标 x、y、z、t 在物理学中具有的简单定义。从一个伽利略坐标系过渡到相对于这个坐标系做匀速运动的另一个坐标系时，洛伦兹变换方程是成立的，这些洛伦兹变换方程最终构成了从狭义相对论导出推论的基础，而这些方程本身只是表述了光传播定律对于一切伽利略参照系的普遍有效性。

闵可夫斯基发现，洛伦兹变换满足下列简单条件。我们来思考两个相邻事件，它们在四维连续体中的相对位置参照伽利略参照系 K，用空间坐标差 dx、dy、dz

和时间差 t 来表示。我们假设这两个事件相对于另一个伽利略坐标系的差相应地为 dx'、dy'、dz' 和 dt'。那么这些量总是会满足下列条件[1]

$$dx^2+dy^2+dz^2-c^2dt^2=dx'^2+dy'^2+dz'^2-c^2dt'^2$$

洛伦兹变换的有效性就是由上述条件来确立的。我们还可以将其表述如下：属于四维时空连续体的两个相邻点的这个量

$$ds^2=dx^2+dy^2+dz^2-c^2dt^2$$

一切选定的（伽利略）参照系都具有相同的值。假如我们用 x_1、x_2、x_3、x_4 代替 x、y、z、$\sqrt{-1}\,ct$，我们也会得出这样的结果，即

$$ds^2=dx_1^2+dx_2^2+dx_3^2+dx_4^2$$

与参照系的选取无关。我们将量 ds 称为两个事件或两个四维点之间的"距离"。

因此，倘若我们不选取实量 t，而选取虚变量 $\sqrt{-1}\,ct$ 作为时间变量，我们就可以根据狭义相对论将时空连续体视为一个"欧几里得"四维连续体，这一结果可由前节的论述推出。

---

1 参见附录一第 1 节和第 2 节。在附录中从坐标本身导出的关系式，对于坐标差也是成立的，因此对于坐标微分（无穷小的差）也是成立的。

27. 广义相对论的时空连续体不是欧几里得连续体

在本书的第一部分，我们可以使用一个具有简单且直接的物理解释的时空坐标，依据第26节的内容，这种时空坐标可以被看作四维笛卡尔坐标，而我们这样做是以光速恒定定律为基础的。但依据第21节的内容，广义相对论无法保持这一定律。与此相反，我们根据广义相对论会得出下列定律：当存在一个重力场时，光速必定总是取决于坐标。在第23节讨论一个具体例子时，我们发现曾经引导我们到狭义相对论的目标的那种坐标和时间的定义，由于重力场的存在而失效了。

鉴于这些论述的结果，我们可以得出以下论断：依据广义相对性原理，时空连续体不能被视为一个欧几里得连续体；在这里只有相当于具有局部温度变化的大理石板的普遍情况，我们曾将它理解为一个二维连续体的例子。正如在例子中不能用等长的杆构成一个笛卡尔坐标系一样，在这里也不可能用刚体和钟构成这样一个系统（参照系），使量杆和钟在彼此作刚性安排的情况下，用来直接指示位置和时间。这就是我们在第23节中遇到的困难的实质所在。

　　但是第 25 节和第 26 节中的论述为我们指出了克服这一困难的道路。对于四维时空连续体，我们可以任意借助高斯坐标来作为参照。我们用四个数 x_1、x_2、x_3、x_4（坐标）来表示连续体的每一个点（事件），这些数不具有任何直接的物理意义，其目的只是用一种明确而又任意的方式来表示连续体中的各点。四个数的排列方式甚至不一定要将 x_1、x_2、x_3 当作"空间"坐标，也不一定要将 x_4 当作"时间"坐标。

　　读者可能会认为这样描述世界并不恰当。假如 x_1、x_2、x_3、x_4 这些坐标本身并没有意义，那么用它们表示一个事件又是什么意思呢？但是，更加仔细的思考表明，这种担忧并无根据。例如，我们思考一个正在做任意运动的质点，假如这个点的存在只是瞬时且并未持续一段时间，那么它在时空中就由单独一组 x_1、x_2、x_3、x_4 的数值来表示。假如这个点的存在是永久的，那么要描述它就需要用无穷多组这样的数值，且这些坐标值必须紧密到足以显示出连续性；对应于这个质点，我们就有了四维连续体中的一条（一维）线。同样，在我们的连续体中任何这类线都对应到许多运动中的点。对于这些点的陈述，事实上只有关于它们交会（encounter）的那些陈述，才称得上具有物理存在的意义。在我们的数学论述中，对于这种交会的表述就是两条代表点的运动的线中，各有一组特定的坐标值 x_1、x_2、x_3、x_4 是彼此共有的。经过深思熟虑后，读者可能会承认，事实上这种交会组成了我们在物理陈述中遇到的具有时空性质的唯一真实的证据。

当我们相对于一个参照系来描述一个质点的运动时，我们所陈述的只不过是这个点与这个参照系上一些特定点的交会。我们也可以通过观察物体和钟的交会，连同观察钟的指针与标度盘上特定点的交会来确定相应的时向值。使用量杆进行空间测量时也正是如此，只要稍加思考就会明白这一点。

1920年，爱因斯坦在柏林大学的办公室里。

以下陈述是普遍成立的：每个物理描述本身可分为若干个陈述，每个陈述都涉及 A、B 两起事件的时空重合（space-time coincidence）。从高斯坐标的角度来说，每个这样的陈述都由两起事件的四个坐标 x_1、x_2、x_3、x_4 表示。实际上，使用高斯坐标对时空连续体的表示方式，可以完全取代借助于一个参照系的表示方式，并且由于前一种表示方式不必受限于所表示的连续体的欧几里得特性，因此也没有后一种表示方式的缺点。

28. 广义相对性原理的严格表述

现在我们可以提出广义相对论的严格表述来代替第18节中的暂时表述。第18节中所用的表述为："对于描述自然现象（表述普遍的自然定律）而言，不论它们的运动状态如何，所有参照系 K、K' 等都是等效的。"这种表述已无法维持，因为依据狭义相对论中的方法，使用刚性参照系进行时空描述，一般来说是不可能的，必须用高斯坐标系代替参照系，下面的陈述才与广义相对性原理的基本观念相一致："所有的高斯坐标系对于表述普遍的自然定律在本质上是等价的。"

我们还可以用另一种形式来陈述这个广义相对性原理，这种形式比狭义相对性原理的自然推广形式更使人明白易懂。依据狭义相对论，当我们使用洛伦兹变换，以一个新的参照系 K' 的时空变量 x'、y'、z'、t' 代换一个（伽利略）参照系的时空变量 x、y、z、t 时，表述普遍自然定律的方程经变换后，仍保留同样的形式。另一方面，依据广义相对论，对高斯变量 x_1、x_2、x_3、x_4 作任意代换，这些方程经变换后，仍保留同样的形式；因为每一种变换（不仅仅是洛伦兹变换）都相当于从一个高斯坐标系过渡到另一个高斯坐标系。

倘若我们愿意执着于"旧时代"对事物的三维观点，那么我们就可以这样描述广义相对论的基本观念所带来的发展：狭义相对论与伽利略区域有关，也就是和其中不存在重力场的区域有关。就此而论，一个伽利略参照系可以作为一个参照系（a Galilean reference-body serves as body of reference），这个参照系是一个刚体，选择其运动状态时必须使"孤立"质点做匀速直线运动的伽利略定律相对于这一刚体是成立的。

从某些角度来看，我们似乎也应该将同样的伽利略区域引入到非伽利略参照系中。那么相对于这些参照系就存在着一种特殊的重力场（参见第 20 节和第 23 节）。

在重力场中并不存在具有欧几里得性质的刚体，因此虚构的刚性参照系在广义相对论中是没有用的。钟的运动也受到重力场的影响，由于这种影响，直接借助于钟而作出的关于时间的物理定义不可能达到狭义相对论中同等程度的真实性。

由于上述原因，我们使用非刚性参照系，就整体来看，不仅它们的运动是任意的，而且在其运动中可以发生任意形变。钟的运动定律可以是任意的，无论如何不规则，它都可用来定义时间。我们想象每一个这样的钟都固定在非刚性参照系上的某一点上，这些钟只满足一个条件，即从（空间中）相邻的钟同时观测到的"读数"彼此仅相差一个无穷小的量。这个可以被恰当地称为"软体动物参考物"（reference-mollusc）的非刚性

1921年，爱因斯坦
于维也纳的演讲。
（F. Schmutzer摄）

参照系，基本上相当于一个任意选定的高斯四维坐标
系。与高斯坐标系相比，这个"软体动物"更容易被理
解之处是在形式上保留了空间坐标和时间坐标的分立状
态（这种保留实际上并不合理）。这个"软体动物"上
的每一个点都可以看作是一个空间点，只要我们将这个
"软体动物"视为参照系，那么相对于它保持静止的每
一个质点就都可以被认为是静止的。广义相对性原理要
求所有"软体动物"都可以作为参照系来表述普遍的自
然定律，而这些"软体动物"都有同等的权利，可以获
得同样好的结果；这些定律本身必须与"软体动物"的
选择无关。

由于我们在上文所看到的结果，广义相对性原理对自然定律做了广泛而明确的限制，这一原理的巨大威力就在于此。

29. 在广义相对性原理的基础上求解重力问题

倘若读者已经了解了前文的论述，那么理解重力问题的解法时将不再有困难。我们从思考一个伽利略区域开始，伽利略区域就是相对于伽利略参照系 K 但不存在重力场的区域。量杆和钟相对于 K 的行为可以从狭义相对论得知；"孤立"质点的行为也是已知的，会沿直线做匀速运动。

我们现在参照作为参照系 K' 的任意一个高斯坐标系，或者一个"软体动物"来思考这个区域。那么，相对于 K' 就存在一个重力场 G（一种特殊的重力场）。我们只用数学变换就可以得知量杆和钟以及自由运动的质点相对于 K' 的行为。我们将这种行为解释成量杆、钟和质点在重力场 G 的影响下的行为。这里我们引进下列假设：重力场对量杆、钟和自由运动的质点的影响，将按照同样的定律继续发生下去，即使目前存在的重力场还不能只通过坐标变换就从伽利略的特殊情况中推导出来。

下一步是研究重力场 G 的时空行为，G 先前只通过坐标变换就能从伽利略的特殊情况中推导出来。这种行为被表述成一个定律，不论在描述中使用的参照系（软体动物）是如何选定的，这个定律始终有效。

然而，这个定律还不是普遍的重力场定律，因为所思考的重力场是一种特殊的重力场。为了求出普遍的重力场定律，我们还需要将上述定律加以推广，这一推广可以根据下列要求得出：

（a）所要求的推广必须也满足广义相对性公设。

（b）假如在所思考的区域中存在任何物质，对其所激发一个场的效应来说，只有它的惯性质量是重要的；根据第 15 节可知，也就是只有它的能量是重要的。

（c）重力场加上物质必须满足能量（和冲量）守恒定律。

最后，广义相对性原理能够让我们确定重力场对那些不存在重力场时、按已知定律在发生的所有过程的进程影响，这些过程也就是已经被纳入狭义相对论架构的过程。对此，我们原则上按照在论及量杆、钟和自由运动的质点时已经解释过的方法去进行。

按照这一方式从广义相对性公设导出的重力论，其优越之处不仅在于它的完美性，还在于消除了第 21 节

1921年4月2日，爱因斯坦第一次访问美国，受到美国人民的热烈欢迎。

中的经典力学所具有的缺陷和解释了惯性质量和重力质量相等的经验定律，并且它已经解释了经典力学对其无能为力的一个天文观测结果。

假如我们将这一重力论的应用限制于下列情况，即重力场可以被认为是非常弱的，且在重力场内相对于坐标系运动的所有质量的速度与光速比较都是相当小的，那么作为第一近似值（first approximation），我们就得到了牛顿的重力理论。于是在这里不需要任何特别的假设就可以得到牛顿的重力理论，但牛顿当时必须引进这样的假设，即相互吸引的质点间的吸引力必须与质点间距离的平方成反比。假使我们提高计算的精确度，将出现与牛顿理论不一致的偏差，但由于这些偏差相当小，实际上都是[1]观测检验不出来的。

　　我们在这里必须注意上述偏差中的一个。依据牛顿的理论，行星沿椭圆轨道绕日运行，假如我们能略去恒星本身的运动以及所思考的其他行星的运动，那么这个椭圆轨道相对于恒星的位置将永远维持不变。因此，假如我们能校正所观测的行星运动中这两项因素带来的影响，并且假如牛顿理论是绝对正确的，那么我们就应该得到一个相对于恒星是固定的椭圆行星轨道。这个可以用很高的精确度加以检验推断，除了一颗行星之外，在其他行星那里已经得到了证实，其精确度是目前的观测灵敏度可以达到的最高精度。唯一的例外就是水星——离太阳最近的行星。从勒维耶[2]的时候开始，人们就知道水星的椭圆轨道在校正上述影响后，相对于恒星并不是固定不移的，而是会非常缓慢地在轨道平面内转动，转动方向与轨道运动同向。人们得到的水星椭圆轨道的转动数值是每世纪 43″（弧秒），误差不超过几弧秒。经典力学只能借助一些假设来解释这一效应，而这些假设是不太可能成立的，而且这些假设的提出仅仅是为了解释这个效应。

　　我们根据广义相对论发现：每颗绕日运行的行星，

1　现今的。——译者注

2　奥本·尚·约瑟夫·勒维耶（Urbain Jean Joseph Le Verrier）：1811—1877 年，法国天文学家。——译者注

其在椭圆轨道都必然以上述方式转动；对水星之外的所有行星而言，这种转动都太小了，无法被现今所能达到的观测灵敏度探测到[1]；但是对水星而言，这个数值达到了每世纪43"，结果也与观测严格相符。

　　除此之外，迄今只能从广义相对论得出两个可以用观测检验的推论：光线因太阳重力场而发生弯曲[2]；来自巨大星球的光谱线与在地球上以类似方式产生的（即由同一种原子产生的）光谱线相比，出现了位移现象[3]。从广义相对论得出的这两个推论都已被证实。

1　随着观测技术的进步，其他行星的这种效应也已经被证实了。——译者注

2　由爱丁顿（Eddington）及其他人于1919年首次观测。（参见附录三）

3　1924年被亚当斯（Adams）证实。（参见附录一第3节末尾"英文版附注"，第133页）

第三部分

关于整个宇宙的
一些思考

30. 牛顿理论在宇宙学上的困难

31. 一个"有限"而又"无界的"
   宇宙的可能性

32. 以广义相对论为依据的空间结构
   ......

30. 牛顿理论在宇宙学上遇到的困难

除了第 21 节中所讨论的困难之外，经典天体力学还存在另一个基本困难，据我所知，第一个对这个困难进行详细论证的是天文学家西利格[1]。倘若我们仔细思考这样的问题：我们应该如何看待作为整体的宇宙呢？我们想到的第一个答案一定是：就空间（和时间）而言，宇宙是无限的。宇宙中到处都存在着天体，因此物质的密度虽然就细微部分来说变化很大，但平均来看却是到处都一样。换句话说，无论我们在空间中走多远，我们到处都能遇到稀疏的恒星群，其种类与密度大概都是相同的。

上述看法与牛顿的理论是不一致的。牛顿理论要求宇宙应具有某种中心，位于中心的星群密度最大；从中心向外走，天体的群密度（group-density of stars）逐渐减小；直到非常遥远的尽头，成为一个无限的空虚领域。恒星宇宙（stellar universe）应该是无限空间海洋

1　西利格（Hugo von Seeliger）：1849—1924年，德国天文学家。——译者注

1921年，美国总统沃伦·哈定（Warren G Harding，前排右二）在华盛顿接见爱因斯坦夫妇。

中的一个有限的岛屿。[1]

　　这个概念本身已无法使人感到满意，而令人更不满意的是，它导致了下述结果：从恒星发出的光以及恒星系中的个别恒星，不断地奔向无限的空间，一去不返，而且永远不再与其他自然客体相互作用。这样一个有限的物质宇宙将注定逐渐而系统地被削弱。

1　证明：依据牛顿的理论，来自无限远处而终止于质量 m 的"力线"的数目与质量 m 成正比。若平均而言，质量密度 ρ_0 在整个宇宙中是一个常数，那么体积为 V 的球即有平均质量 $\rho_0 V$。因此，穿过球面 F 进入球内的力线数与 $\rho_0 V$ 成正比。对于球面上的单位面积而言，进入球内的力线数将与 $\rho_0 \dfrac{V}{F}$ 或 $\rho_0 R$ 成正比。因此，随着球半径 R 的增长，球面上的场强度最终将变为无限大，但这是不可能的。

　　为了避免这种两难局面，西利格对牛顿定律提出了一项修正，其中假设：对于很大的距离而言，两质量之间的吸引力比按照平方反比定律得出的结果减小得更快。这样，物质的平均密度就有可能处处一样，甚至到无限远处也是如此，而不会产生无限大的重力场。如此我们就摆脱了物质宇宙应该具有某种中心等诸如此类令人讨厌的概念的纠缠。当然，我们解决上述基本困难是付出了代价的，即对牛顿定律做了修改并使之复杂化，但这样做既没有经验根据，也没有理论根据。我们能够设想出无数个可以实现同样目的的定律，但不能举出理由说明为什么其中一个定律比其他定律更可取，因为任何一个定律与牛顿定律相比，都没有建立在更为普遍的理论原则上。

31. 一个"有限"而又"无界的"宇宙的可能性

　　但是，对宇宙构造的探索同时还沿着另一个完全不同的方向前进。非欧几里得几何学的发展导致了对于这样一个事实的认知，即我们可以对我们的（宇宙）空间的无限性（infiniteness）表示怀疑，而不会与思维规律或经验发生冲突（黎曼[1]、亥姆霍兹[2]）。亥姆霍兹和庞加莱[3]已经无比清晰详尽地论述了这些问题，我在此只简略地提一下。

首先，我们设想一种二维空间中的存在物（existence），这是一种持有扁平刚性量杆的扁平生物，能在一个平面上自由地移动。对于它们来说，在这个平面之外没有任何东西的存在：它们所观察到的自己和它们的扁平"东西"的所有历程，就是它们的平面所包含的全部实在。具体来说，欧几里得平面几何学中的一切作图都可以借助杆子完成，例如利用第 24 节中讨论过的格子构图法（lattice construction）。与我们的宇宙对比，这些扁平生物的宇宙是二维的，但也同我们的宇宙一样，可以延伸到无限远处。在它们的宇宙中有足够的空间可以容纳无限多个用杆子构成的彼此完全相同的正方形，即这个宇宙的容积（面积）是无限的。倘若这些生物说它们的宇宙是"平面"，这句话是有意义的，因为它们的意思是它们可以用量杆进行平面欧几里得几何

1　波恩哈德·黎曼（Georg Friedrich Bernhard Riemann）：1826—1866 年，德国数学家。——译者注

2　赫尔曼·冯·亥姆霍兹（Hermann von Helmholtz）：1821—1894 年，德国自然科学家，在物理学和生理学上贡献卓著。——译者注

3　朱尔斯·亨利·庞加莱（Jules Henri Poincare）：1854—1912 年，法国数学家。——译者注

学作图。在这里，个别量杆永远代表同一距离，与其位置无关。

　　现在让我们思考另一种二维的存在物，不过这次是在一个球面上而不是在一个平面上。这种扁平生物连同它们的量杆及其他物体都完全贴合于这个球面，并且它们不可能离开这个球面。它们所能观察到的整个宇宙仅能扩展至整个球面。这些生物能否将其宇宙的几何学视为平面几何学，而且它们的杆子又是"距离"的实在体现呢？它们不可能这样做。因为它们认为是直线的东西实际上是一条曲线，我们"三维生物"称这条曲线为大圆（great circle）弧，即具有确定的有限长度的、本身就是完整独立的一条线，其长度可以使用量杆测定。同

1921年4月2日，爱因斯坦首次访问美国时的合影，左起：本赞·莫森松（Benzion Mossinson）、爱因斯坦、哈伊姆·魏茨曼（Chaim Weizmann）和梅纳赫姆·乌色什金（Mena-hem Ussishkin）。

样，这个宇宙的面积是有限的，可以和用杆子构成的正方形的面积相比较。结合以上条件，我们可以这样认为：这些生物的宇宙是有限的，但又是无界的。

然而，这些球面生物不必环游它们的世界，就可以感知到它们并不是生活在一个欧几里得宇宙（Euclidean universe）中，它们可以从自己"世界"的各个部分明白这一点，只要它们生活使用的部分不要太小即可。从一点出发，它们可以朝所有方向画等长的"直线"（从三维空间来看则是圆弧），并将这些线的自由端连接成的线称为一个"圆"。依据欧几里得平面几何学，如果用同一根杆子来测量平面上一个圆的圆周与直径的长度，那么两者之比会是一个常数，这个常数与圆的直径大小无关。我们的扁平生物在它们的球面上，会发现圆周与直径之比是这样的：

$$\pi \frac{\sin \dfrac{r}{R}}{\dfrac{r}{R}}$$

也就是一个比 π 小的值。圆半径 r 与"世界球"（world-sphere）半径 R 的比值越大，上述比值与 π 的差值就会越大。借助这个关系，球面生物就能确定它们的宇宙（"世界"）的半径，即使它们能够用来进行测量的仅是它们的世界球中较小的一部分。但由于球面上的微小部分与同样大小的一块平面的差别太过细微，因此如果这部分确实非常小，那么它们就无法证明自己是在一个球面"世界"还是在一个欧几里得平面上。

　　因此，假如这些球面生物居住在一颗行星上，这颗行星的恒星系只占了球形宇宙（spherical universe）中微不足道的一小部分，那么这些球面生物就无法确定它们居住的宇宙是有限的还是无限的了，因为它们所能接近的"一小块宇宙"在这两种情况下实际上都是平面的，或者说是欧几里得平面。我们可以从这些讨论中直接推得：对于我们的球面生物而言，一个圆的圆周起先随着半径的增大而增大，直到增至"宇宙圆周"为止，其后圆周随着半径值的进一步增大而逐渐减小到零。在这一过程中，圆的面积不断增大，直到最后等于整个"世界球"的总面积为止。

　　或许读者会觉得奇怪，为什么我们要把我们的生物放在一个球面上，而不是放在另一种闭合曲面（closed surface）上。那是因为，在所有的闭合曲面中，唯有球面具有这样一种性质，即该曲面上的所有点都是等效的。我承认，一个圆的圆周 C 与其半径 r 的比值取决于 r，但对一个给定的 r 值而言，这个比值对于"世界球"上的所有点都是一样的；换言之，这个"世界球"是一个"常曲率曲面"（surface of constant curvature）。

　　对于这个二维球面宇宙，我们有一个三维的进行类比，那就是黎曼发现的三维球面空间，其上的点同样也都是等效的，这个球面空间具有一个有限的体积且由其半径决定（$2\pi^2 R^3$）。能否想象一个球面空间呢？想象一个空间意味着我们想象我们的"空间"经验的一个模型，这种"空间"经验是我们在移动"刚性"物体时能体会到的。就此意义而言，我们能够想象一个球面空间。

假设我们在向所有方向画线或拉绳索，并用一根量杆在每条线或绳索上量取距离 r，所有这些具有长度 r 的线或绳索的自由端点都位于一个球面上。我们可以借助一个用量杆构成的正方形，用特别方法测量出这个曲面的面积（F）。假如这个宇宙是欧几里得宇宙，那么 $F=4\pi r^2$；假如它是球面宇宙，那么 F 总是小于 $4\pi r^2$。随着 r 值的增大，F 也从 0 增大到最大，这个最大值是由"世界半径"来确定的；但随着 r 值的进一步增大，这个面积将逐渐减小到 0。起初，从起始点辐射出去的直线彼此散开，并且相距越来越远，但后来又相互趋近，最后它们终于在与起始点相对立的"对立点"（counter-point）上再次相会，它们在这种情况下穿越了整个球面空间。这个三维球面空间与二维球面十分相似，三维球面空间是有限的（即体积是有限的），但同时又是无界的。

可以提一下，还有另一种弯曲空间——"椭圆空间"（elliptical space）。椭圆空间可以被看成是两个"对立点"完全相同的（彼此无法分辨的）一种空间。因此，在某种程度上可以将椭圆宇宙当成是具有中心对称的弯曲宇宙。

由以上所述可以推知，无界的闭合空间是可能存在

诺贝尔奖颁奖晚会上的爱因斯坦和普朗克。

的。在这类空间中，球面空间（以及椭圆空间）以其简单性胜过了其他空间，因为其上所有的点都是等同的。以上讨论的结果，为天文学家和物理学家提出了一个极其有趣的问题：我们居住的宇宙是无限的，还是如球面宇宙那样有限的呢？我们的经验远不足以让我们回答出这个问题。但广义相对论使我们能够以一定程度的确实性回答这个问题，这样，第 30 节中提到的困难就得到了解决。

32. 以广义相对论为依据的空间结构

依据广义相对论可知，空间的几何结构并不是独立的，而是由物质决定的。因此，我们只有依据某种已知的物质状态进行思考，才能对宇宙的几何结构作出论断。我们由经验可知，对于一个选定的坐标系而言，每个天体的速度都比光的传播速度慢很多。因此，假如我们把物质看作是静止的，我们就能够粗略而近似地得出一个关于整个宇宙性质的结论。

从前面的讨论，我们已经知道，量杆与钟的行为受

爱因斯坦与美国无
线电公司的工程师
们合影。

重力场的影响，也就是受物质分布的影响，这一点已经
足以排除欧几里得几何在我们的宇宙中严格有效的可能
性。但是可以想象，我们的宇宙与一个欧几里得宇宙的
差别很微小，由于计算表明像太阳那么大的质量对于周
围空间的度量（metric）的影响也是极其微小的，因此
上述看法就显得越发可靠了。我们可以设想，就几何学
而论，我们的宇宙与下面这个曲面相似，这个曲面的各
个部分是不规则弯曲的，但整个曲面并不会与一个平面
有显著的差别——就像一个有细微波纹的湖面。这样

的一个宇宙可以被恰当地称为准欧几里得宇宙（quasi-Euclidean universe）。就其空间而言，这个宇宙是无限的。但是计算表明，在一个欧几里得宇宙中，物质的平均密度必然要等于 0。因此这样的宇宙不可能处处有物质存在，呈现在我们面前的将是我们在第 30 节中描绘的那种无法令人满意的景象。

　　假如我们在这样的宇宙中想要一个不等于 0 的物质平均密度，那么无论这个密度与 0 相差多么小，这个宇宙都不可能是准欧几里得的。反之，计算的结果表明：如果物质是均匀分布的，那么宇宙必然是球形的（或椭圆形的）。实际上物质的细微分布不是均匀的，因此真实的宇宙在各个部分都会与球形有出入，也就是说宇宙将是准球形的，但它必然是有限的。事实上，这个理论向我们提供了宇宙的空间广度（space-expanse）与宇宙的物质平均密度之间的简单关系。[1]

1　对于宇宙"半径"R，我们得出方程

$$R^2 = \frac{2}{k\rho}$$

在这个方程中引用 CGS（厘米－克－秒）单位制，得出 $\frac{2}{k}$ =1.08×10^{27}；ρ 是物质的平均密度，k 是一个与牛顿重力常数有关的常数。

附录一

1. 洛伦兹变换的简单推导

2. 闵可夫斯基四维空间（"世界"）

3. 广义相对论的实验证实

4. 以广义相对论为依据的空间结构

5. 相对论与空间问题

......

1. 洛伦兹变换的简单推导

［补充第 11 节］

如图 2 所示，两个坐标系相对取向，这两个坐标系的 x 轴永远相重合。在这种情况下，我们可以把问题分成几个部分。首先只考虑 x 轴上的事件，任何一个这样的事件，对于坐标系 K 都是由横坐标 x 和时间 t 来表示，而对于坐标系 K' 则是由横坐标 x' 和时间 t' 来表示。当给定 x 和 t 时，我们要求出 x' 和 t'。

一个沿着正 x 轴前进的光讯号按方程式

$$x=ct$$

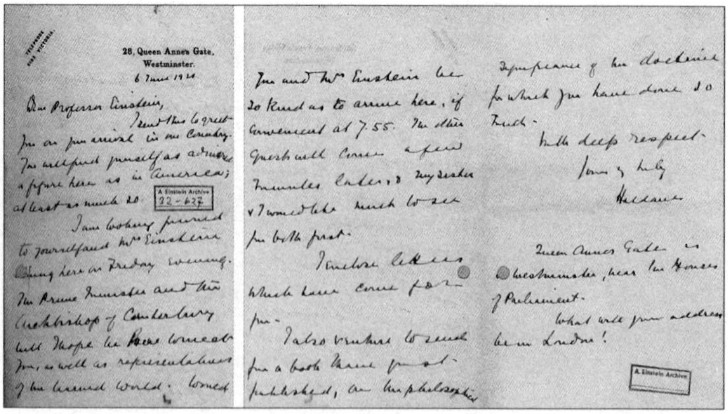
28, Queen Anne's Gate,
Westminster.
6 June 1921

Dear Professor Einstein,
I send this to greet you on your arrival in our country. You will find yourself as admired a figure here as in America; at least as much so.
I am looking forward to yourself and Mrs Einstein dining here on Friday evening. The Prime Minister and the Archbishop of Canterbury will I hope be there to meet you, as well as representatives of the learned world. Would you and Mrs Einstein be so kind as to arrive here, if convenient at 7.55. The other guests will come a few minutes later, and my sister & I would like much to see you both first.
I enclose letters which have come for you.
I also venture to send you a book I have just published, on the philosophic significance of the doctrine for which you have done so much.
With deep respect.
Yours truly
Haldane

Queen Annes Gate is in Westminster, near the Houses of Parliament.
What will your address be in London?

A. Einstein Archive 22-637

1921年6月6日，霍尔丹子爵邀请爱因斯坦参加晚宴的信件，受邀客人都是“科学界、戏剧界、军界、政界和宗教界的名流”。

或

$$x-ct=0 \tag{1}$$

传播。由于同一光讯号必须以速度 c 相对于 K' 传播，因此相对于 K' 的传播将由类似的公式

$$x'-ct'=0 \tag{2}$$

表示。满足（1）式的那些时空点（事件）必须也满足（2）式。显然这一点是成立的，只要关系式

$$(x'-ct') = \lambda(x-ct) \tag{3}$$

在一般情况下是被满足的，式中 λ 表示一个常数；因为，根据（3）式，（$x-ct$）为 0 则（$x'-ct'$）也必为 0。

假如我们对沿着负 x 轴传播的光线采取完全相同的思路，我们就得到了条件

$$(x'+ct')=\mu(x+ct) \tag{4}$$

将方程式（3）和（4）相加（或相减），并为方便起见引入常数 a 和 b 代换常数 λ 和 μ，其中

$$a=\frac{\lambda+\mu}{2}$$

和

$$b=\frac{\lambda-\mu}{2}$$

我们得到方程式

$$\left.\begin{array}{l} x'=ax-bct \\ ct'=act-bx \end{array}\right\} \tag{5}$$

若常数 a 和 b 已知，我们就得到了问题的解。a 和 b 可由以下讨论来确定。

对于 K' 的原点，我们永远有 $x'=0$，因此由（5）式中的第一个方程式得到

$$x=\frac{bc}{a}t$$

假如我们将 K' 的原点相对于 K 运动的速度称为 v，我们就有

$$v=\frac{bc}{a} \tag{6}$$

同一量值 v 可以从（5）式得出，只要我们计算 K' 的另一点相对于 K 的速度，或者计算 K 的某一点相对于 K' 的速度（指向负 x 轴）。总之，我们可以指定 v 为两个坐标系的相对速度。

还有，相对性原理告诉我们：由 K 判定的相对于 K' 保持静止的单位量杆的长度，必须正好等于由 K' 判定的相对于 K 保持静止的单位量杆的长度。为了看一看由 K 观察 x' 轴上的各个点是什么样子，我们只需从 K 对 K' 拍个"快照"（snapshot）；这意味着我们必须引入 t（K 的时间）的一个特定值，例如 $t=0$。对这个 t 值，我们从（5）式的第一个方程式就得到

$$x'=ax$$

因此，如果在 K' 坐标系中量得 x' 轴上的两点相隔的距离为 $\Delta x'=1$，这两个点在我们的瞬时快照中相隔的距离就是

$$\Delta x=\frac{1}{a} \tag{7}$$

但假如是从 K'（$t'=0$）拍取快照，而且假如我们从

（5）式消去 t 同时考虑（6）式，我们就得到

$$x'=a(1-\frac{v^2}{c^2})x$$

由此我们推断：（相对于 K）在 x 轴上相隔距离为 1 的两点，在我们的快照上将由距离

$$\triangle x'=a(1-\frac{v^2}{c^2}) \tag{7a}$$

来表示。

但根据以上所述，这两个快照必须是全等的。因此（7）式中的 $\triangle x$ 必须等于（7a）式中的 $\triangle x'$，于是我们得到

$$a^2=\frac{1}{1-\frac{v^2}{c^2}} \tag{7b}$$

由方程式（6）和（7b）可决定常数 a 和 b。将这两个常数的值代入（5）式，我们就得到了第 11 节中所给出的第一个和第四个方程：

$$\left.\begin{array}{l} x'=\dfrac{x-vt}{\sqrt{1-\dfrac{v^2}{c^2}}} \\[20pt] t'=\dfrac{t-\dfrac{v}{c^2}x}{\sqrt{1-\dfrac{v^2}{c^2}}} \end{array}\right\} \tag{8}$$

这样我们就得到了在 x 轴上的事件的洛伦兹变换。它满足条件

$$x'^2-c^2t'^2=x^2-c^2t^2 \tag{8a}$$

我们可以将上述结果推广以包括发生在 x 轴之外的

事件，而这一推广只要保留方程式（8）并补充关系式

$$\left.\begin{array}{l} y'=y \\ z'=z \end{array}\right\} \qquad\qquad （9）$$

即可达成。这样，无论对于坐标系 K 或坐标系 K'，我们都满足了任意方向上的光线在真空中的速度均为恒定这一假设。这一点可以证明如下：

设在时间 $t=0$ 时从 K 的原点发出一个光信号。它将按下式

$$r=\sqrt{x^2+y^2+z^2}=ct$$

传播。或者，假如我们将方程式两边进行平方，则按照下式

$$x^2+y^2+z^2-c^2t^2=0 \qquad\qquad （10）$$

传播。

光传播定律结合相对性公设要求所考虑的信号（从 K' 来判定）必须按照对应的公式

$$r'=ct'$$

或

$$x'^2+y'^2+z'^2-c^2t'^2=0 \qquad\qquad （10a）$$

传播。为了可以从方程式（10）推出方程式（10a），我们必须有

$$x'^2+y'^2+z'^2-c^2t'^2=\sigma(x^2+y^2+z^2-c^2t^2) \qquad （11）$$

由于方程式（8a）必须对 x 轴上的点成立，因此我们有 $\sigma=1$。很容易看出，对于 $\sigma=1$，洛伦兹变换的确满足（11）式；因为（11）式可以由（8a）和（9）式推

1921年6月11日，伦敦霍尔丹子爵的花园，爱因斯坦坐着准备让摄影师为他拍照。

出，因此也可以由（8）和（9）式推出。这样我们就导出了洛伦兹变换。

由（8）和（9）式表示出的洛伦兹变换仍须加以推广。显然，在选择 K' 的轴时是否要使其与 K 的轴在空间中相互平行并不重要。同时，K' 相对于 K 的平移速度是否沿 x 轴方向也没有关系。经过简单的思考可以证明：我们可以通过两种变换来建立这一广义的洛伦兹变换，这两种变换就是狭义的洛伦兹变换和纯粹的空间变换，纯粹的空间变换相当于用一个坐标轴指向其他方向的新直角坐标系取代原有的直角坐标系。

我们可以将推广的洛伦兹变换的特征以数学方式表述如下：

推广的洛伦兹变换就是以 x、y、z、t 的线性齐次函数（linear homogeneous function）来表示 x'、y'、z'、t'，

而这类线性齐次函数的性质必须使关系式

$$x'^2+y'^2+z'^2-c^2t'^2 = x^2+y^2+z^2-c^2t^2 \qquad (11a)$$

能恒等满足。也就是说，假如我们用这些 x、y、z、t 的线性齐次函数来代换（11a）式等号左边的 x'、y'、z'、t'，结果将与等号右边完全一样。

2. 闵可夫斯基四维空间（"世界"）

[补充第 17 节]

假如我们用虚量 $\sqrt{-1} \cdot ct$ 代替 t 作为时间变量，我们就能够更简单地表述洛伦兹变换的特征。据此，假如我们引入

$$x_1=x$$
$$x_2=y$$
$$x_3=z$$
$$x_4= \sqrt{-1} \cdot ct$$

对带撇号的坐标系 K' 也采取同样的方式，那么让洛伦兹变换恒等满足的条件可以表示为：

$$x_1'^2+x_2'^2+x_3'^2+x_4'^2=x_1^2+x_2^2+x_3^2+x_4^2 \qquad (12)$$

也就是说，通过上述"坐标"的选用，（11a）式就变换为这个方程式。

我们从（12）式看到，虚值时间坐标 x_4 与空间坐标 x_1、x_2、x_3 是以完全相同的方式进入这个变换条件中的。正是由于这一事实，所以根据相对论，"时间" x_4 应与空间坐标 x_1、x_2、x_3 以同等形式进入自然定律中。

闵可夫斯基将用坐标 x_1、x_2、x_3、x_4 描述的四维连续体称为"世界"，并且他将代表某一事件的点称为"世界点"（world-point）。这样，物理学就从三维空间中的"构造"（happening）成为四维世界中的"存在"（existence）。

这个四维"世界"与（欧几里得）解析几何学的三维"空间"很近似。倘若我们在这个"空间"引入一个

1921年春，爱因斯坦一次关于相对论演讲的入场券。

具有相同原点的新的笛卡尔坐标系（x_1'、x_2'、x_3'），那么 x_1'、x_2'、x_3' 就是 x_1、x_2、x_3 的线性齐次函数，并恒等地满足方程式

$$x_1'^2+x_2'^2+x_3'^2=x_1^2+x_2^2+x_3^2$$

上式与（12）式完全类似。我们可以在形式上将闵可夫斯基"世界"看作（具有虚时间坐标的）四维欧几里得空间；洛伦兹变换相当于坐标系在四维"世界"中的"转动"。

3. 广义相对论的实验证实

以系统的理论观点来看，我们或许会将经验科学的演进过程想成一个连续的归纳过程。理论被发展出来，并以经验定律的形式简洁地综合概括了大量个别的观察结果，再根据这些经验定律通过类比来确定普遍定律。依照这个思路，一门科学的发展有些像编纂分类目录，这似乎是一种纯经验性的事业。

但是，上述观点绝不能概括整个实际过程，因为它忽视了直观和演绎思考在精确科学（exact science）发

展中所起的重要作用。一门科学一旦走过了它的初始阶段，理论的进展就不再只是依靠排列的过程来实现。研究人员在经验数据的引导下发展出一个思想体系；一般说来，这个思想体系是由少数的基本假设——即公理，按逻辑方式建立起来的。我们将这样的思想体系称为理论。理论存在的必要理由，在于它能将大量个别观察结果联系起来，而理论的"真实性"也正在于此。

与同一组经验数据相对照可能会有好几个彼此不同的理论，但就这些能够进行检验的推论而言，这几种理论可能会非常一致，因此难以发现两种理论有任何不同的推论。例如，在生物学领域就有一个大家普遍感兴趣的例子，即一方面有达尔文关于物种通过生存竞争的选择而发展的理论，另一方面有以后天取得的性状可以遗传的假设为基础的物种发展理论。

我们还有一个例子可以说明两种理论的推论具有一致性，这两种理论就是牛顿力学和广义相对论。这两种理论非常一致，甚至从广义相对论导出的能够进行检验的推论，正是相对论创立前的物理学没能导出的推论；尽管这两种理论的基本假设有着深刻的差别，但到目前为止我们还是可以找出几个这样的推论。下面我们将再一次讨论这几个重要的推论，并且还要讨论迄今已取得的关于这些推论的经验证据。

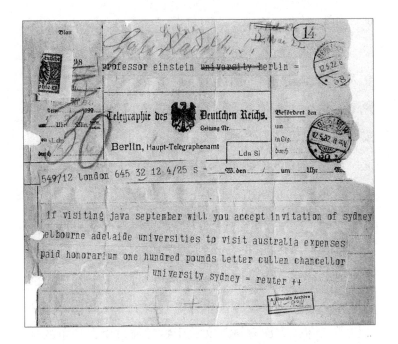

1922年5月12日，悉尼大学邀请爱因斯坦于1922年9月来访的电报。

（1）水星近日点的运动

依据牛顿力学和牛顿的重（引）力定律，绕太阳运行的行星沿椭圆轨道环绕太阳，或者说得更正确些，环绕太阳和这颗行星的共同重心。在这一体系中，太阳或共同重心位于椭圆轨道的一个焦点上，因此在一个行星年（planet-year）中，太阳和行星之间的距离由极小增大到极大，随后又减小到极小。倘若我们在计算中不使用牛顿定律而引入一个稍微不同的重力定律，我们将发现：依据这一新定律，在行星运动的过程中，太阳和行星之间的距离仍呈现周期性变化；但在这种情况下，太阳和行星的连线在这样的一个周期中¹所扫过的角将不再是 360°。因此轨道曲线将不是一个闭合曲线，随着时间的推移，它将充满轨道平面内的一个环形部分，也就是分别以太阳和行星之间的最小距离和最大距离为半径的两个圆之间的环形部分。

依据广义相对论（广义相对论当然与牛顿的理论不同），行星在其轨道上的运动应与牛顿－开普勒（Kepler）定律有微小的出入，即从一个近日点到下一个近日点期间，太阳－行星向径（radius sun-planet）扫过的角度比完整公转一周的角度要大上如下量值

$$+ \frac{24\pi^3 a^2}{T^2 c^2 (1-e^2)}$$

（注意：完整公转一周对应于物理学上的绝对角度量度中的 2π 角，上式表示的就是太阳－行星向径从一个近日点到下一个近日点期间所扫过的角度比 2π 大出的量值。）

在上式中，a 表示椭圆的半长轴，e 是椭圆的偏心率，c 是光速，T 是行星公转周期。我们的结果也可表述如下：依据广义相对论，椭圆的长轴绕太阳旋转，旋转的方向与行星轨道运动的方向相同。理论要求水星的这种转动应达到每世纪 43"（弧秒）。但是对我们太阳系的其

1　从近日点（perihelion）——离太阳最近的点——再到下一个近日点的周期。

他行星而言，这种转动的量值应是小到观测不出的。[1]

事实上，天文学家已经发现：用牛顿的理论计算所观测的水星运动时可能达到的精确度，无法满足现今观测所能达到的灵敏度。在计入其他行星到水星的全部扰动影响后，[2] 发现仍留下一个无法解释的水星轨道近日点的移动问题，这个移动的量值与上述每世纪 43" 并无显著差别。这一经验结果的误差只有几弧秒。

（2）重力场对光的偏转

在第 22 节中已经提到，依据广义相对论，一道光线穿过重力场时，其路径会发生弯曲，这种弯曲情况类似抛射一个物体通过重力场时其路径所发生的弯曲。根据这个理论，我们应该预计一道光线经过一个天体附近时将偏向该天体。对于经过距离太阳中心△个太阳半径的一道光线来说，偏转角（a）应为

$$a = \frac{1.7"}{\triangle}$$

1　尤其是次近的行星——金星——的轨道几乎是一个正圆，这样就更难以精确地找出近日点的位置。（随着科技的发展，其他行星的这种效应已经被观测到了，可以参见《近代物理著名实验简介》，此书为郭奕玲等编著，山东教育出版社出版。——译者注）

2　勒威耶于 1859 年发现，纽科姆（Newcomb）于 1895 年发现。

可以补充一句，依据理论，偏转的一半是由太阳的牛顿重力场造成的，而另一半则是太阳导致的空间几何形变（"曲率"）造成的。

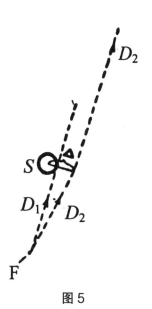

图 5

这个结果可以在日全食时对恒星照相，从实验中进行检验。我们之所以必须等待日全食，是因为在其他时间里大气受太阳光强烈照射，以至于看不见位于太阳圆面附近的恒星。所预言的效应可从图 5 清楚看到。假如没有太阳（S），从地球上观测，一颗可以被视为在无限远处的恒星实际上可以在 D_1 方向上被观测到。但由于来自恒星的光为太阳所偏转，这颗恒星将在 D_2 方向上被观测到，也就是说，恒星离太阳中心的视位置比它真实的位置更远。

实际上，这个问题可以按下列方法得到检验，在日

1922年，四位获得诺贝尔奖的科学家合影。

1923年，爱因斯坦和法国科学家朗之万、英国科学家史密斯一起参加在柏林举行的反战示威游行。

食期间对太阳附近的恒星进行拍照。此外，当太阳位于天空的其他位置时，即在早几个月或晚几个月时，对这些恒星拍摄另一张照片。与标准照片相比，日食照片上恒星的位置应沿径向往外移（离开太阳中心），外移的量值对应于角 a。

我们很感激英国皇家学会（Royal Society）和皇家天文学会（Royal Astronomical Society）对这一重要推论所进行的研究。无畏于战争及其引起的物质上和精神上的种种困难，这两个学会组建了两支远征观测队——一支赴巴西的索布拉尔（Sobral），一支赴西非的普林西比岛（Principe）；并派出了英国最著名的几位天文学家——爱丁顿、科廷厄姆（Cottingham）、克罗姆林（Crommelin）、戴维森（Davidson），以拍摄1919年5月29日的日食照片，预计在日食期间拍摄的恒星照片与其他用作比较的照片之间的相对差异只有百分之几毫米。因此，为拍摄照片所需的校准工作，以及随后对这些照片的量度都需要很高的准确度。

测量的结果十分圆满地证实了这个理论。观测所得和计算所得的恒星位置偏差的直角分量（rectangular component，以弧秒为单位）如下表所列：

恒星编号	第一坐标		第二坐标	
	观测值	计算值	观测值	计算值
11	−0.19	−0.22	+0.16	+0.02
5	+0.29	+0.31	−0.46	−0.43
4	+0.11	+0.10	+0.83	+0.74
3	+0.20	+0.12	+1.00	+0.87
6	+0.10	+0.04	+0.57	+0.40
10	−0.08	+0.09	+0.35	+0.32
2	+0.95	+0.85	−0.27	−0.09

（3）光谱线的红向位移

在第 23 节中曾经表明：在一个相对于伽利略系 K 而转动的坐标系 K' 中，构造完全相同且被认定为相对于转动的参照系保持静止的钟，其走动的时率取决于所在的位置。我们现在要定量地研究这个依赖关系。一只

钟放置于距圆盘中心 r 处，它相对于 K 的速度可由下式给出

$$v = \omega r$$

式中 ω 表示圆盘 K' 相对于 K 的转动角速度。设 v_0 表示这只钟在相对于 K 保持静止时的单位时间内相对于 K 的嘀嗒次数（即这只钟的"时率"），那么当这只钟相对于 K 以速度 v 运动，但相对于圆盘保持静止时，按照第 12 节，这只钟的"时率"（v）将由下式给出

$$v = v_0 \sqrt{1 - \frac{v^2}{c^2}}$$

或者以足够的精确度由下式给出

$$v = v_0 \left(1 - \frac{1}{2} \frac{v^2}{c^2} \right)$$

上式也可以写成如下形式

$$v = v_0 \left(1 - \frac{1}{c^2} \frac{\omega^2 r^2}{2} \right)$$

若我们以 $\varPhi$ 表示钟所在的位置和圆盘中心之间的离心力势差，也就是将单位质量从转动的圆盘上钟所在的位置移动到圆盘中心为克服离心力所需要做的功（取负值），那么我们就有

$$\varPhi = - \frac{\omega^2 r^2}{2}$$

由此得到

$$v = v_0 \left(1 + \frac{\varPhi}{c^2} \right)$$

首先，我们由上式看到，两只构造完全相同的钟，当它们与圆盘中心的距离不一样时，它们走动的时率也

不一样。由一个随着圆盘转动的观察者来看，这个结果也是成立的。

现在，从圆盘上来判定，圆盘处在一个其势为 Φ 的重力场中，因此我们得到的结果对于重力场在相当普遍的情况下是成立的。还有，我们可以将发出光谱线的原子视为一只钟，于是以下陈述也就得以成立。

一个原子吸收或发出的光的频率，取决于该原子所在位置的重力场的势。

一个位于天体表面的原子的频率，与处于自由空间（或位于一个比较小的天体表面）同一元素的原子频率相比要低一些。这里 $\Phi=-K\dfrac{M}{r}$，其中 K 为牛顿重力常数，M 为天体的质量。因此在恒星表面产生的光谱线与同一元素在地球表面产生的光谱线相比应发生红向位

1924年，爱因斯坦出席国际联盟国际知识合作委员会（The International Committee on Intellectual Cooperation）的会议。国际知识合作委员会中有两位声望很高的学者，分别是阿尔伯特·爱因斯坦和居里夫人。

1924年，爱因斯坦在德国的犹太学生联合会上演讲。

移，位移的量值是

$$\frac{v_0 - v}{v_0} = \frac{K}{c^2}\frac{M}{r}$$

对于太阳而言，理论预测的红向位移约等于波长的百万分之二。对于恒星而言，是无法得出可靠的计算结果的，因为质量 M 和半径 r 一般都是未知的。

这种效应是否存在还是一个未知的问题，目前（1920年）天文学家正以很大的热情从事工作，以求解决这个问题。由于对太阳而言，这一效应很小，因此对其是否存在难以作出判断。波恩的格雷贝（Grebe）和巴赫姆（Bachem）根据他们自己以及埃弗谢德（Evershed）和史瓦西（Schwarzschild）对氰（cyanogen）光谱带的测量，认为这一效应的存在已经几乎没有疑问了；而其他研究人员，特别是圣约翰（St. John），则根据他们的测量结果提出了相反意见。

　　对恒星进行的统计研究指出，光谱线朝向折射较小一端的平均位移肯定是存在的；然而直到目前为止，根据对已有数据的检测，这些位移实际上是否是由重力效应所导致的，仍无法得出任何确定的结论。在弗伦德利希（E. Freundlich）写的一篇题为《广义相对论的验证》（*Zur Prüfung der allgemeinen Relativitäts-Theorie*）的论文[1]中，搜集了观测的结果，并从我们这里所关注问题的角度对这些结果进行了详尽的讨论。

　　无论如何，在未来几年将会得出一个确定的结论。倘若重力势导致的光谱线红向位移并不存在，那么广义相对论就不能成立。另一方面，假如光谱线的位移确实是重力势造成的，那么对于这一位移的研究将会为我们提供关于天体质量的重要资讯。

　　英文版附注：亚当斯（Adams）已于1924年通过对天狼星致密伴星的观测，明确证实了光谱线的红向位移，天狼星伴星的这一效应是太阳效应的30倍左右。

1　见柏林施普林格出版社（Julius Springer）出版的《自然科学》（*Die Naturwissen-schaften*，1919年第35期第520页）。

4．以广义相对论为依据的空间结构

［补充第 32 节］

　　自从本书的第一版发行以来，我们对大尺度空间（space in the large）结构的认识（"宇宙学问题"）已有了重要的进展，即使是关于这个问题的通俗著作也是应该提及的。

　　我原来关于这一课题的思考基于两个假设：

　　（1）整个宇宙空间[1]中的物质有一个平均密度，它处处相等且不等于 0。

　　（2）宇宙空间的大小（"半径"）与时间无关。

　　依据广义相对论，这两个假设已被证明是一致的，但只有在场方程式中加上一个假设项之后才能成立，但这样一个项不是理论本身所要求的，而且从理论的观点来看，这一项也不自然（"场方程式的宇宙学项"）。

　　我原来认为假设（2）是不可避免的，因为我当时认为，如果我们离开了这一假设，就要陷入无休止的空想中了。

1　此处英文原作 space，但依据上下文，应译成"宇宙空间"为宜。以下不再说明。——译者注

但是，早在 20 世纪 20 年代，苏联数学家弗里德曼[1]就已经证明：从纯理论的观点来看，采用另一种不同的假设是自然的。弗里德曼认为，倘若决心舍弃假设（2），那么在重力场方程式中就不必引入这个不太自然的宇宙学项，而仍保留假设（1）。也就是说，原来的场方程式可以有这样的解，其中"世界半径"与时间有关（膨胀的宇宙空间）。在这个意义上，我们可以说，依照弗里德曼的观点，这个理论要求宇宙空间具有膨胀性。

数年之后，哈勃[2]对河外星云（extra-galactic nebulae；milky ways，"银河"[3]）的专门研究证明：星云发出的光谱线存在红移（redshift），红移随着星云距离有规律地增大。就我们现有的知识而言，这种现象只能由多普勒原理解释为大尺度上恒星系的膨胀运动——按照弗里德曼的说法，这是重力场方程式所要求的。因此，在某种程度上可以认为，哈勃的发现是这一理论的一种证明。

但是这里确实引出了一个不可思议的困难局面。假

1 亚历山大·弗里德曼（A. A. Friedman）：1888—1925 年，苏联数学家和地球物理学家，1922—1924 年提出第一批相对论不稳定宇宙模型。——译者注

2 埃德温·鲍威尔·哈勃（Edwin Powell Hubble）：1889—1953 年，美国天文学家，星系天文学的奠基人，观测宇宙学的开创者之一。——译者注

3 依据现今天文学标准用法应被称为"星系"（galaxies）。——译者注

1925年3月27日，耶
路撒冷希伯来大学创
立之际，爱因斯坦发
表了这篇文章，他明
确地指出了科学工作
的普遍性原则，并警
告注意狭隘的民族
主义。

294   THE NEW PALESTINE   March 27, 1925

The Mission of Our University

By ALBERT EINSTEIN

THE opening of our Hebrew University on Mount Scopus, at Jerusalem, is an event which should not only fill us with just pride, but should also inspire us to serious reflection.

A University is a place where the universality of the human spirit manifests itself. Science and investigation recognize as their aim the truth only. It is natural, therefore, that institutions which serve the interests of science should be a factor making for the union of nations and men. Unfortunately, the universities of Europe today are for the most part the nurseries of chauvinism and of a blind intolerance of all things foreign to the particular nation or race, of all things bearing the stamp of a different individuality. Under this regime the Jews are the principal sufferers, not only because they are thwarted in their desire for free participation and in their striving for education, but also because most Jews find themselves particularly cramped in this spirit of narrow nationalism. On this occasion of the birth of our University, I should like to express the hope that our University will always be free from this evil, that teachers and students will always preserve the consciousness that they serve their people best when they maintain its union with humanity and with the highest human values.

Jewish nationalism is today a necessity because only through a consolidation of our national life can we eliminate those conflicts from which the Jews suffer today. May the time soon come when this nationalism will have become so thoroughly a matter of course that it will no longer be necessary for us to give it special emphasis. Our affiliation with our past and with the present-day achievements of our people inspires us with assurance and pride vis-à-vis the entire world. But our educational institutions in particular must regard it as one of their noblest tasks to keep our people free from nationalistic obscurantism and aggressive intolerance.

Our University is still a modest undertaking. It is quite the correct policy to begin with a number of research institutes, and the University will develop naturally and organically. I am convinced that this development will make rapid progress and that in the course of time this institution will demonstrate with the greatest clearness the achievements of which the Jewish spirit is capable.

A special task devolves upon the University in the spiritual direction and education of the laboring sections of our people in the land. In Palestine it is not our aim to create another people of city dwellers leading the same life as in the European cities and possessing the European bourgeois standards and conceptions. We aim at creating a people of workers, at creating the Jewish village in the first place, and we desire that the treasures of culture should be accessible to our laboring class, especially since, as we know, Jews, in all circumstances, place education above all things. In this connection it devolves upon the University to create something unique in order to serve the specific needs of the forms of life developed by our people in Palestine.

All of us desire to cooperate in order that the University may accomplish its mission. May the realization of the significance of this cause penetrate among the large masses of Jewry. Then our University will develop speedily into a great spiritual center which will evoke the respect of cultured mankind the world over.

如将哈勃发现的银河光谱线位移解释为一种膨胀（从理论观点来看这并没有什么疑问），那么据推断，这种膨胀"仅仅"起源于大约 10 亿年前；但依据天体力学（physical astronomy，重力天文学），个别恒星和恒星系的演化很可能需要长得多的时间。目前我们对如何克服这一矛盾仍毫无所知。[1]

我还需要提一下，我们还无法通过宇宙空间膨胀理论以及天文学的经验数据得出关于（三维）宇宙空间的有限性或无限性的结论；而原来的宇宙空间"静态"假设，则可导出宇宙空间的闭合性（有限性）。

5. 相对论与空间问题

牛顿物理学的特点是承认空间和时间都和物质一样有其独立而实际的存在，这是因为在牛顿的运动定律中出现了加速度的概念。但是在这一理论中，加速度只可能指"相对于空间的加速度"。因此，为了使牛顿运动定律中出现的加速度能够被看作是一个有意义的量，就

1　这是本书初版时的情况，最新的数据认为宇宙约起源于 120 亿至 150 亿年前。——译者注

必须将牛顿的空间看作是"静止的",或至少是"非加速的"。对于时间而言,情况完全相同,时间当然也与加速度的概念有关。牛顿本人以及他同时代最具批判性的人都认为,给空间本身和空间的运动状态赋予同样的物理实在性并不是很妥当;但是,为了使力学具有明确的意义,在当时并无他法。

要人们赋予一般的空间尤其是一无所有的空间以物理实在性,的确是一种严苛的要求。自远古以来,哲学家就一再拒绝这样的假设。笛卡尔曾大体按照下列方式进行验证:空间与广延性是等同的,但广延性是与物体相联系的。因此没有物体的空间是不存在的,也就是说并不存在一无所有的空间。这一论辩的弱点主要是这样的:广延性概念起源于我们能将固体铺展开来或并拢在一起的经验,这一点当然是正确的,但不能由此得出结论,假如某些事例本身并不是构成广延性概念的原因,那么这一概念就不能通用于这些事例。以这种方式来推论概念是否合理,可以间接地由它在理解经验的结果上所具有的价值来证明。因此,关于广延性这一概念仅适用于物体这一断言,就其本身而论肯定是没有根据的。不过,我们在后文将会看到,广义相对论在绕了一个大弯后,仍旧证实了笛卡尔的概念。使笛卡尔得出他十分吸引人的见解的一定是这种感觉,即只要不是不得已的

1925年，爱因斯坦
要解释量子力学的
矛盾，在与尼尔
斯·玻尔的论战中一
直保持进攻姿态。
图中是爱因斯坦与
玻尔讨论，玻尔苦
苦思索，爱因斯坦
却很轻松。

情况，我们不应该对空间这样无法"直接体验"[1]的东西赋予实在性。

以我们通常的思考习惯为基础来思考，空间观念或这种观念的必要性的心理起源，远非表面看起来那样明显。古代的几何学家所研究的是概念上的东西（直线、点、面），却没有真正研究空间本身，像后来在解析几何学上所做到的那样。但是，空间观念仍可以从某些原始经验中得到一些启示。假设有一个已经制造好的箱子，我们可以按某种方法把物体排列在箱子内，将它装满。这种排列物体的可能性是"箱子"这一物质客体的属性，是随着箱子而产生的，即随着被箱子"包围的空

1　对于这一用语的理解需加小心。

爱因斯坦与玻尔之间的论战持续多年，当时几乎所有理论物理学家都参与其中，但直到今天仍然没有结论。

间"而产生的。这个"被包围的空间"因箱子的不同而异，人们就会很自然地认为这个"被包围的空间"在任何时刻都与箱子内是否真有物体存在无关。当箱子内没有物体时，箱子的空间看起来似乎是"一无所有的"。

到目前为止，我们的空间概念是与箱子联系在一起的。但是我们知道，使箱子具有容纳物体可能性的并非取决于箱壁的厚薄。能否将箱壁的厚度缩减至 0 并使这一"空间"不致因此消失呢？显然，这种求极限的方法是很自然的，这样在我们的思想中就只剩下没有箱子的空间，一个本身自然存在的空间；假如我们忘记这一概念的起源，这个空间似乎是很不实在的。人们能够了解，将空间看作与物质客体无关且可以脱离物质而存在的东西，这是与笛卡尔的论点相反的。[1]（但这并没有妨碍他在解析几何学中，将空间当作一个基本概念来处理。）当人们指出水银气压计中存在真空时，肯定就完全驳倒了所有抱持笛卡尔见解的人。但是不可否认，甚至在初始阶段，空间这一概念或者空间被看作是独立而实在的东西，也带有一些令人难以满意的地方。

将物体装入空间（例如箱子）是三维欧几里得几何学的课题，其公理体系很容易让人迷惑，使我们忘记它

1　康德曾试图否认空间的客观性来消除这一困难，但这种做法难以让人认真看待。箱子内的空间可以装东西，这种固有的可能性是客观存在的，正如箱子本身以及能放进箱子内的物体是客观存在的一样。

所讨论的是可以实现的情况。

假如空间概念是按上述方式形成的，并且是从"填满"箱子的经验推论来的，那么这个空间从本质上说就是一个有界的空间。然而，这种限制看来并不是必要的，因为我们总是可以在一个比较大的箱子中装入那个比较小的箱子。这样看来空间又好像是无界的。

我在此不准备讨论关于三维性质和欧几里得性质的空间概念如何能溯源到较为原始的经验。我倒是想首先从其他角度来讨论一下，空间概念在物理学思想发展过程中所起的作用。

当一个小箱子 s 在一个大箱子 S 的全空空间（hollow space）中处于相对静止的状态时，s 的全空空间就是 S 的全空空间的一部分，并且将 s 和 S 的全空空间一起包括进去的同一个"空间"，既属于箱子 s 也属于箱子 S。但是，当 s 相对于 S 运动时，这个概念就没那么简单了。人们倾向于认为 s 总是包围着同一个空间，但它所包围的 S 的一部分空间则是可变的。因而有必要认定每一个箱子都有其特别而无界的空间，并且有必要假设这两个空间彼此正在进行相对运动。

在人们注意到这一复杂情况之前，空间看起来好像是物体在其中游来游去的一种无界的介质或容器。但是现在必须记得，空间有无限多个，这些空间在彼此进行相对运动。认为空间是客观存在，且不依赖于物质这一概念，属于近代科学兴起之前的思想，但是存在着无限多个彼此进行相对运动的空间这一观念却不是。后一种观念在逻辑上确实是不可避免的，但是这种观念即使在现代[1]科学思想中也远未起过重要的作用。

关于时间概念的心理起源又是怎样的呢？这一概念无疑是与"回想"（calling to mind）的事实相联系的，并且也与感觉经验和对这些经验的回忆（recollection）这两者之间的区别相联系。感觉经验与回忆（或简单重现，simple re-presentation）之间的区别，是否可以在心理上让我们直接感受到呢？这一点就其本身而言是有疑问的。每个人都有过这样的经历，就是曾怀疑某件事是通过自己的感官真正经历过的呢，还是只不过是一场梦。区别这两种可能性的能力，大概最初是心智（mind）要整理出次序的一种活动的结果。

一个经验是与一件回忆相联系的，并且它与"此刻的经验"（present experience）相比是"较早的"。这是一种用于回忆经验的排列概念次序的原则，而贯彻这一原则的可能性就产生了主观的时间概念，也就是基于个人经验排列的时间观念。

我们说使时间概念具有客观意义是什么意思呢？我们来举一个例子。甲（"我"）有这样的经验："天空正在闪电"。与此同时，甲还体验到乙的这样一种行为，甲可以将这种行为与他本身关于"天空正在闪电"的经验

---

1 "现代"一词为翻译时所加。——译者注

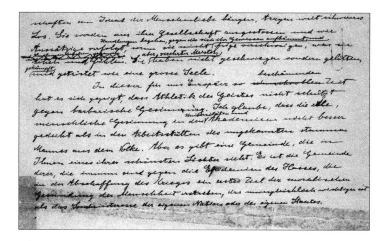

1926年1月29日，罗曼·罗兰60岁生日之际发表的爱因斯坦写给《书友》（*Liber Amicorum*）的稿件的草稿。爱因斯坦与罗曼·罗兰都致力于和平事业。

联系起来。这种甲把"天空正在闪电"的经验与乙联系起来，对于甲来说，他会认为其他人也参与了"天空正在闪电"的经验。"天空正在闪电"就不再被解释为一种个人独有的经验，而是被解释为其他人的经验（或者最终被仅仅解释为是一种"潜在的经验，potential experience"）。这样就产生了以下解释："天空正在闪电"本来是进入意识中的一个"经验"，但现在也可以解释为一个（客观的）"事件"了。当我们谈到"实在的外部世界"（real external world）时，所指的就是所有事件的综合。

我们已经看到，我们必须为我们的经验规定一种时间排列，大体如下所述。若 β 晚于 α，而 γ 又晚于 β，则 γ 也晚于 α（经验的序列）。对于我们已经与经验联系起来的"事件"而言，这方面的情况又是怎样的呢？乍看之下似乎可以假设事件的时间排列是存在的，而这种排列与经验的时间排列是一致的。一般来说，人们会不自觉地做出上述假设，直到产生怀疑为止。[1] 为了获得客观世界的概念，还需要另一个辅助概念：事件在时间上和空间上都是有局限性的（localized）。

在前几段中，我们曾试图描述空间、时间和事件各概念在心理上是如何与经验联系起来的。从逻辑上来说，这些概念是人类智力的自由创造物，是思考的工具，这些概念能将个别经验相互联系起来，以便能更好地探究这些经验。要认识这些基本概念的经验来源，就应该弄清楚我们实际上在多大范围内受这些概念的约束。这样，我们就可以认清我们具有的自由，想在必要的时候合理地利用这种自由总是有些困难的。

在此关于空间—时间—事件各概念[2]的心理起源方面，我们还要进行一些必要的补充。我们曾经利用箱子以及在箱子内排列物品的例子，将空间概念与经验联系起来，因此这一概念的形成已经在以物质客体（例如"箱子"）的概念为前提了。同样，对于客观的时间概念的形成，人也起着物质客体的作用。所以，依我看来，

---

1 例如，通过声音获得的经验的时间次序可以不与通过视觉获得的时间次序一致，因此我们不能把事件的时间次序与经验的时间次序简单地等同起来。

2 我们将把这些概念更简短地称为"类空"（space-like）概念，以区别于心理学上的概念。

物质客体这一概念的形成，必须先于我们的时空概念。

　　所有这些类空概念，与心理学领域的痛苦、目标和目的等概念一样，同属于（近代）科学兴起以前的思想。目前物理思想的特点，与整个自然科学思想的特点一样，都是在原则上力求完全用"类空"概念来说明问题，尽量借助于这些概念来表述一切具有定律形式的关系。物理学家设法把颜色和音调归于振动，生理学家设

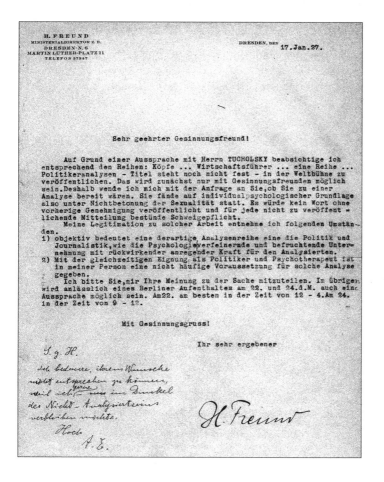

1927年1月17日，爱因斯坦直接在弗洛伊德的来信上拟出回信。

法把思想和痛苦归于神经作用；这样就从事物存在的因果关系中消除了心理因素，从而使心理因素在任何情况下都不构成因果关系中的一个独立环节。现在的"唯物主义"（materialism）一词正是指这种观点，即认为完全用"类空"概念来理解一切关系，在原则上是可能的（因为"物质"已失去了作为基本概念的作用）。

为何必须将自然科学思想中的基本观念，从奥林匹斯天界[1]拖下来，并设法把它们的世俗血统揭发出来呢？为了使这些观念从附着其上的禁忌中解脱出来，从而能够在构成观念或概念方面获得更大的自由。休谟[2]和马赫首先提出了这一批判性想法，他们在这一方面具有不朽的功劳。

科学从科学发展前的思想中，接收了空间、时间和物质客体（其中重要的特例是"固体"）等概念，并加以修正使其更为确切。在这方面第一个重要的成就是欧几里得几何学的发展，我们绝不能只看到欧几里得几何学的公理体系，而忽略它的经验起源（将固体铺展开来或并列在一起的可能性）。具体来说，空间的三维性和

---

1 希腊神话中传说奥林匹斯山（Mount Olympus）是远古时代希腊众神所居之地，此处的奥林匹斯天界（Olympian fields）指雄伟的架构。——译者注

2 戴维·休谟（David Hume）：1711—1776年，英国哲学家、历史学家和政治家。——译者注

1927年第五届索尔维会议合影。由于这次会议中爱因斯坦与玻尔的大辩论，这次索尔维峰会也被冠以"最著名"的称号。

其欧几里得特性都起源于经验（空间可以用结构相同的"正方体"完全充满）。

由于发现了不存在完全刚性的物体，使得空间概念变得更加微妙，一切物体都可以发生弹性形变，且随温度的变化而改变其体积。因此，几何结构（其全等的可能性由欧几里得几何学来描述）的表示就无法脱离物理概念。但由于物理学毕竟还需要借助几何学才能建立一些概念，因此几何学的经验性内容只能就整个物理学的架构来陈述和检验。

关于空间概念还不能忘却原子论（atomistics）及其对物质的有限可分割性（finite divisibility）的概念，因为比原子还小的空间是无法量度的。原子论还迫使我

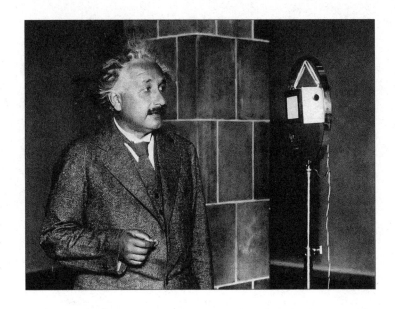

1929年10月21日，在纪念电灯发明50周年的宴会上，爱因斯坦通过短波向爱迪生表示祝贺。

们在原则上放弃可以清楚地和静止地划定固体界面这一观念。严格来说，甚至在宏观领域中，对于相互接触的固体的可能位形（configuration）而言，也不存在精确的定律。

尽管如此，还是没人想放弃空间概念，因为在自然科学最圆满的完整体系中，空间概念看起来是不可或缺的。在19世纪，唯有马赫曾经认真思考过舍弃空间概念，而用所有质点之间的瞬时距离（instantaneous distance）的总和这一概念来取代它。（如此尝试是为了试图得到对惯性的满意理解。）

（1）场

在牛顿力学中，空间和时间起着双重作用。第一，空间和时间起着物理学上所发生事件的载体（carrier）或框架（frame）的作用；相对于载体或框架，事件是由其空间坐标和时间来描述的。原则上，物质被看作是由"质点"构成的，质点的运动构成物理事件。倘若我们将物质看成是连续的，我们只能在人们不愿意或不能描述物质的分立结构的情况下，暂时作这样的假设。在这种情况下，物质的微小部分（体积元）同样可以被当成质点来处理；至少我们可以在只考虑运动而不考虑此刻不可能或者没有必要归于运动的那些事件（例如温度变化、化学过程等）的范围内照这样来处理。空间和时间的第二个作用是当作一种"惯性系"（inertial system）。在想得出的所有参考系中，惯性系被认为具有这样的好处，即惯性定律对于惯性系是有效的。

这里的主要观点是：人们曾设想，不依赖主观认识的"物理实在"（至少在原则上）是由作为一方的空间和时间，以及作为另一方的与空间和时间做相对运动的永远存在的质点所构成的。这个关于空间和时间独立存在的观点，可以用下述的极端说法来表达：假如物质消失了，空间和时间本身（作为物理事件的一个舞台）依然存在。

　　理论的发展打破了上述观点。发展最初似乎与时空问题毫不相干，只是出现了场的概念以及最后在原则上要用这一概念来取代粒子（质点）观念的趋势。在经典物理学的架构中，场的概念是在物质被看成连续体的情况下作为一个辅助性概念而出现的。例如，在考虑固体的热传导时，物体的状态是由物体的每一个点在每一个确定时刻的温度来描述的。在数学上，这就意味着将温度 T 表示为温度场，即表示为空间坐标和时间 t 的一个数学表示式（或函数）。热传导定律被表述为一种局域的关系（微分方程式），其中包含热传导的所有特殊情况。在这里，温度就是场概念的一个简单例子，这是一个量（或量的复合体），是坐标和时间的函数。另一个例子就是对液体运动的描述，在每一个点上于每一个时刻都有一个速度，这个值由速度到某一坐标系的轴的三个"分量"来描述（矢量）。在这里，在每一个点的速度的各分量（场分量）也是坐标（x、y、z）和时间（t）的函数。

　　前面提到的场的特性是它们只存在于有质物质（ponderable mass）中，仅仅用来描述这种物质的状态。按照场概念的历史发展来看，没有物质的地方就不可能有场的存在。但是，在19世纪的前25年中，人们证明：假如将光视为一种波动场——与弹性固体中的机械振动场完全相似，那么光的干涉和运动现象就能够解释清楚了。因此，人们感到有必要引进一种在没有有质物质的情况下，也能存在于"一无所有的空间"中的场。

这种情况造成了一个自相矛盾的局面，因为按其起源，场概念似乎只限于描述有质体（ponderable body）内部的状态。由于人们确信每一种场都应被看成是可给予力学解释的一种状态，而这又以物质的存在为前提，因此场概念只限于描述有质体内部的状态这一点就显得更加确切了。因此人们不得不假设，在一向被认为是一无所有的空间中也处处存在某种物质，这种物质被称为"以太"。

将场概念从场必须有一个机械载体与之相联系的假设中解放出来，这是物理思想发展中在心理方面最令人感兴趣的事件之一。19 世纪下半叶，从法拉第和麦克斯韦的研究中可以更加清楚地看到，用场描述电磁过程远胜于以质点的力学概念为基础的处理方法。由于在电

1930年6月，爱因斯坦与天文学家阿瑟·爱丁顿在剑桥大学的合影。

动力学中引进了场的概念，麦克斯韦成功地预言了电磁波的存在，因为电磁波和光波具有相等的传播速度，所以它们在本质上的同一性也就无可置疑了，因此光学从原则上就成了电动力学的一部分。这一巨大成就的心理效果是：与经典物理学的机械论体系（mechanical framework）相对立的场概念逐渐赢得了更大的独立性。

但是最初人们还是理所当然地认为必须将电磁场解释为以太的状态，并且设法将这种状态解释为机械性状态。但由于这些努力总是遭遇挫折，科学界才逐渐放弃这种机械解释的主张。然而，在 19 世纪和 20 世纪之交时，人们仍然确信电磁场是以太的状态。

以太学说带来了下列问题：相对于有质体而言，以太的行为从力学观点来看是怎样的呢？是以太参与物体的运动，还是以太的各个部分彼此保持相对静止状态呢？为解决这一问题，人们曾做过许多精巧的实验。这里应提到下列两个重要事实：由于地球周年运动而产生的恒星"光行差"（aberration）和"多普勒效应"，即恒星的相对运动对其发射到地球上的光的频率（已知的发射频率）的影响。对于所有这些事实及实验的结果，除了迈克尔逊－莫雷实验外，洛伦兹也根据下列假设做出了解释：以太不参与有质体的运动，并且以太的各部分之间没有相对运动。这样以太看起来好像体现着一个绝对静止的空间。然而，洛伦兹的研究获得了更多成

就。洛伦兹根据下列假设解释了当时所知道的发生在有
质体内部的所有电磁和光学过程，有质物质对于电场的
影响（以及相反情况）完全是由于物质的组成粒子带有
电荷，而这些电荷也参与了粒子的运动。洛伦兹证明了
迈克尔逊－莫雷实验得出的结果至少与以太处于静止状
态的学说并不矛盾。

　　尽管有了这些辉煌的成就，以太学说仍然无法令人
完全满意。经典力学无可怀疑，经典力学在很高的近似
程度上是成立的，它告诉我们一切惯性系或惯性"空
间"对于自然定律的表达都是等效的，即从一个惯性系
过渡到另一个惯性系，自然定律是不变的。电磁学和光
学实验也以相当高的准确度告诉我们同样的事实。但是
电磁理论基础却告诉我们，必须优先选取一个特别的惯
性系，即静止的光以太（luminiferous ether）。电磁理
论基础的这一观点实在无法令人满意。难道就没有如经
典力学那样支持惯性系的等效性（狭义相对性原理）的
修正理论吗？

　　答案就是狭义相对论。狭义相对论从麦克斯韦－洛
伦兹理论中接受了光速在真空中保持恒定这一假设。为
了使这一假设与惯性系的等效性（狭义相对性原理）相
一致，必须放弃"同时性"具有绝对性质的观念。此
外，对于从一个惯性系过渡到另一个惯性系，必须引用
时间和空间坐标的洛伦兹变换。狭义相对论的全部内容
包含在下列公设中：自然界的定律对于洛伦兹变换是不

1931年，爱因斯坦（右三）访问威尔逊山天文台时与天文学家勒梅特（左一）、哈勃（左二）、迈克尔逊（左四）等的合影。

变的。这个要求的重要实质在于，它以一种明确的方式限定了可能的自然定律。

狭义相对论对于空间问题的观点是怎样的呢？首先，我们需要注意不要以为实在世界的四维性（four-dimensionality of reality）是狭义相对论第一次提出的新看法。甚至早在经典力学中，事件就是由四个数来确定的，即三个空间坐标和一个时间坐标；因此，全部物理"事件"被认为是存在于一个四维连续流形（manifold）之中。但是根据经典力学，这个四维连续体可以被客观地分割为一维的时间和三维的空间两部分，且只有三维空间存在同时的事件。一切惯性系都进行了相同的分割，两个确定的事件相对于一个惯性系的同时性，也就意味着这两个事件相对于一切惯性系的同时性。我们说经典力学的时间是绝对的就是这个意思。狭义相对论的看法则与此不同。所有与一个选定的事件同时的事件，就一个特定的惯性系而言确实是存在的，但这不再能说成为与惯性系的选择无关的了。于是四维连续体不再能被客观地分割成两个部分，而是整个连续体包含了所有同时事件；所以"此刻"（now）对具有空间广延性的世界就失去了它的客观意义。由于这一点，倘若想要表示客观关系的意义，而不带非必要的惯常的任意性的话，那么空间和时间必须被看成是客观上不可分割的四维连续体。

狭义相对论揭示了一切惯性系在物理上的等效性，也就证明了静止的以太这一假设是不能成立的，因此必须放弃将电磁场视为物质载体的一种状态这个观点。于是"场"就成为物理描述中无法再简化的（irreducible）基本要素，正如在牛顿的理论中，物质概念无法再简化一样。

到目前为止，我们一直将注意力放在探讨狭义相对论在哪一方面修改了空间和时间的概念，现在我们将注意力集中到狭义相对论从经典力学中吸取的那些要素上。在狭义相对论中，自然定律只在引用惯性系作为时空描述的基础时才是有效的，而惯性原理和光速恒定原理只有对一个惯性系才是有效的，场定律（field-law）也只有对惯性系才是有意义和有效的。因此，如同在经典力学中那样，在狭义相对论中，空间也是表述物理实在的一个独立部分。假如我们设想将物质和场移走，那么惯性空间（或者更确切地说是这个空间与联系在一起的时间）依然存在。这个四维结构（闵可夫斯基空间）被认为是物质和场的载体。各惯性空间与联系在一起的时间，只是由惯性洛伦兹变换联结起来的一种特选的四维坐标系。由于在这个四维结构中不再存有客观地表示"此刻"的任意一个部分，关于事物发生（happening）和生成（becoming）的概念并非完全无用，而是更加复杂化了。因此，将物理实在视为一个四维存在物，而不是像直到目前为止那样将它视为一个三维存在物的演化（evolution），似乎更自然些。

狭义相对论的刚性四维空间在某种程度上类似于洛伦兹的刚性三维以太，只不过它是四维的。对于狭义相对论，以下陈述也是成立的：物理状态的描述假设了空间是原来就已经给定的，并且是独立存在的。因此，连狭义相对论也没有消除笛卡尔对"空虚空间"是独立存在的或者确实是先验性存在的这一见解所表示的怀疑。在这里进行初步讨论的真正目的，就是要说明广义相对论在多大程度上解决了这些疑问。

（2）广义相对论的空间概念

广义相对论的起因主要是力图去了解惯性质量和重力质量的同等性。让我们从一个惯性系 S_1 谈起，这个惯性系的空间以物理的观点来看是空虚的。换句话说，在所考虑的这部分空间中，既没有物质（就通常意义而言）也没有场（就狭义相对论的意义而言）。假设有另一个参照系 S_2 相对于 S_1 做匀加速运动，这样 S_2 就不是一个惯性系。对于 S_2 来说，每一个实验物体的运动都具有一个加速度，这个加速度与实验物体的物理性质和化学性质无关。因而相对于 S_2，至少就第一阶近似而言，存在着一种与重力场无法区分的状态。因此下列概念也与可观察的事实相符：S_2 也相当于一个"惯性系"；不过相对于 S_2 还存在一个（均匀的）重力场（这里不必管这个重力场的起源）。因此，当考虑的体系中包含重力场时，假设这个"等效原则"（principle of equivalence）可以推广到参照系的任何相对运动，那么惯性系就失去了客观的意义。假如在这些基本观念的基础上，能够建立起一个无矛盾的理论，那么这一理论本身将满足惯性质量与重力质量相等的事实，而这个事实也已经为经验充分证实了。

以四维的观点来思考，四个坐标的一种非线性变换对应了从 S_1 到 S_2 的过渡。这里产生了一个问题：哪一种非线性变换是可能的，或者说，洛伦兹变换是怎样推广的？下列思考可以帮助我们回答这个问题。

我们假设早先理论中的惯性系具有这个性质：坐标差由固定不移的"刚性"量杆测量，时间差由静止的钟测量。对第一个假设还需要补充另一个假设，即对于静止量杆的展开和拼接而言，欧几里得几何学关于"长度"的定理都是成立的。这样，经过初步的思考，就可以从狭义相对论的结果得出下列结论：对相对于惯性系（S_1）做加速运动的参照系（S_2）而言，不再可能对坐标做这种直接的物理解释。但假如情形是这样的话，坐标现在就只能表示"邻接"（contiguity）的级（order）或秩（rank），也就是只能表示空间的维级（dimensional grade），但并不能表示空间的度量性质（metrical property）。因而就促使我们将变换推广到任意的连续变换。[1] 这就意味着含有广义相对性原理："自然定律对于任意连续的坐标变换必须是协变的。"这个要求（连同自然定律应具有最大可能的逻辑简单性的要求）远比狭义相对性原理更为有力地限制了一切自然定律。

这一系列的观念是以场作为一个独立的概念为基础的。对于 S_2 有效的情况被解释为一种重力场，而不问是否存在着产生这个重力场的质量。借助这一系列的观念，还可以理解为什么比起一般的场（例如存在电磁场

1　这个不精确的表达方式在这里或许已经足够了。

时）的定律，纯重力场定律与广义相对论的观念有更为直接的联系。也就是说，我们有充分的理由假设，"没有场的"闵可夫斯基空间，表示自然定律中可能有的一种特殊情况，事实上这是可以想到的最简单的特殊情况。就其度量性质而言，这个空间的特性可由下列方式表示：

$$\mathrm{d}x_1^2 + \mathrm{d}x_2^2 + \mathrm{d}x_3^2$$

等于一个三维"类空"（space-like）截面上无限接近的两点（以单位标准长度量度）的空间间隔的平方（毕达哥拉斯定理），而 $\mathrm{d}x_4$ 则是具有共同的（x_1、x_2、x_3）的两个事件的时间间隔——以适当的计时标准量度。这一切不过意味着将一种客观的度量意义赋予下面这个量

1931年，爱因斯坦和哈勃等天文学家在使用威尔逊山天文台的100英寸望远镜。这是当时世界上最大的望远镜。

$$ds^2 = dx_1^2 + dx_2^2 + dx_3^2 - dx_4^2 \qquad (1)$$

这点也不难借助洛伦兹变换来证明。从数学上来说，这一事实对应于下列条件：ds^2 对于洛伦兹变换是不变的。

如果按照广义相对性原理的意义，令这个空间［参照方程式（1）］进行任意连续坐标变换，那么这个具有客观意义的量 ds 在新坐标系中即可表示为以下关系式

$$ds^2 = g_{ik} dx_i dx_k \qquad (1a)$$

上式中，要对等号右边指标 i 和 k 从 11，12，…，44 的全部组合求和。这里的 g_{ik} 项并不是常数，而是各个坐标的函数，它们由任意选定的变换来决定。但各个 g_{ik} 项也不是新坐标的任意函数，而是必须正好使形式（1a）经过四个坐标的连续变换仍能还原成形式（1）的这样一类函数。为了使这一点成为可能，函数 g_{ik} 必须满足一些普遍协变条件方程式，这些方程式是在广义相对论创立前的半个多世纪由黎曼导出的（"黎曼条件"）。依据等效原则，当函数 g_{ik} 满足黎曼条件时，（1a）就以普遍协变形式描述一种特殊的重力场。

由此可推论出：当黎曼条件被满足时，一般的纯重力场的定律必然被满足；但这个定律必然比黎曼条件要弱或限制较少。这样，纯重力场的定律实际上就可被完全决定，这个结果在这里不宜详细论证。

现在我们可以来思考，对空间概念要作多大的修正才能过渡到广义相对论去。依据经典力学以及狭义相对

论，空间（时空）不依赖于物质或场。为了能描述充满空间且依赖于坐标的东西，必须首先设想时空或惯性系连同其度量性质都是已经存在的，否则描述"充满空间的东西"就没有意义了。[1]另一方面，根据广义相对论，与依赖于"充满空间的东西"相对立的空间是不能脱离前者而独立存在的。这样，一个纯重力场是可以用求解重力场方程式得到的 g_{ik}（作为坐标的函数）来描述的。假如我们设想将重力场，也就是函数 g_{ik} 移除，剩下的就不是（1）型空间，而是绝对的一无所有了，并且也不是"拓扑空间"（topological space）。因为函数 g_{ik} 不仅描述场，同时也描述这种流形的拓扑与度量结构性质。由广义相对论的观点来判定，（1）型的空间并不是一个没有场的空间，而是 g_{ik} 场的一种特殊情况，对这种特殊情况，函数 g_{ik}——对于所使用的坐标系而言，而坐标系本身并没有客观意义——具有不依赖于坐标的值。一无所有的空间，即没有场的空间是不存在的。时空不能独立存在，只能作为场的结构性质而存在。

因此，笛卡尔认为一无所有的空间并不存在的见解与真理相去不远。假如仅仅从有质体来理解物理实在，那么上述观念看来确实是荒谬的。将场视为物理实在的表象这种观念，结合广义相对性原理，才能说明笛卡尔

---

1 假如我们设想将充满空间的东西（例如场）移去，依据（1）式，度量空间仍然存在，这个度量空间还将确定引入其中的实验物体的惯性行为。

爱因斯坦摄于1931
年。当被问及他的智
慧来源于哪里时，爱
因斯坦答道："我并
没有特殊的天赋，只
是充满好奇。"

观念的真义所在："没有场的"空间是不存在的。

（3）广义的重力论

根据上文所述，以广义相对论为基础的纯重力场论
已不难获得，因为我们可以确信，"没有场的"闵可夫
斯基空间其度量如果与（1）式一致，那么必定满足场
的普遍定律。而从这一特殊情况出发加以推广，就能导
出重力定律，并且在推广过程中实际上可以避免任意
性。至于理论上的进一步发展，广义相对性原理并没有
十分明确地做出决定。在过往的数十年中，人们曾朝着
各个方向进行探索，所有这些努力的共同点是将物理实
在看成一个场，并且是由重力场推广而得的场，因此这
个场的场定律是纯重力场定律的一种推广。经过了长期
探索之后，对于这一推广，我相信我现在已经找到了最
自然的形式了[1]，但我还无法判断这种推广的定律是否能
经得起经验事实的考验。

在前面的一般论述中，场定律的个别形式问题是次

1　这一推广的特点可以表述如下。重力场是由空虚的"闵可夫斯
基空间"导出的，按照这项推导，这个具有函数 g_{ik} 的重力场
必须具备由 $g_{ik}=g_{ik}$（$g_{12}=g_{21}\cdots$）这个方程式确定的对称性质。
广义的场与重力场类似，只是不具备这种对称性质。场定律的
推导与在特殊情况下的纯重力的推导完全类似。

要的。目前的主要问题是,这里所设想的场论究竟能否
达成其本身的目标;也就是说,这样的场论能否用场来
透彻地描述物理实在(包括四维空间)。当前这一代物
理学家都倾向于否定的回答。按照目前形式的量子论,
这一代的物理学家认为,一个体系的状态是不能被直接
规定的,只能通过对从该体系中获得的测量结果给予统
计学的陈述来进行间接规定。目前流行的看法是,只有
将物理实在的概念削弱之后,才能体现已由实验证实的
自然界的二重性(粒子性与波动性)。我认为,我们现
有的知识还不能进行如此深远的理论否定;在相对性场
论的道路上,我们不应半途而废。

附录二

诺贝尔奖委员会给爱因斯坦的颁奖词

诺贝尔奖委员会给爱因斯坦的颁奖词

瑞典皇家科学院诺贝尔物理学奖委员会主席阿雷纽斯教授致辞：

当今在世的物理学家中，恐怕没有谁的名字像阿尔伯特·爱因斯坦那样广为人知。人们的讨论主要集中在他的相对论上。这一理论与认识论有着本质的联系，一直是哲学界研究的热点。著名哲学家柏格森（Bergson）在巴黎对这一理论进行了批判，而其他哲学家则是全心全意地赞同这一理论，这已不是什么秘密。这一理论与天文学有关，正在接受严格的检验。

在本世纪[1]头十年，所谓的布朗运动（Brownian motion）引起了人们最强烈的兴趣。1905 年，爱因斯坦创立了分子运动理论来解释这一现象，他得到了悬浮着固体颗粒的悬浮液的主要特性。分子运动理论以经典力学为基础，帮助人们解释了所谓的胶体溶液的性质，在

---

1 指 20 世纪。——译者注

已发展成为一大重要科学分支的胶体化学领域，这一问题一直被斯维德伯格、佩兰、塞格蒙蒂等其他科学家所研究。

爱因斯坦的第三方面研究是他对普朗克在 1900 年创立的量子理论的研究，爱因斯坦也因此获得了诺贝尔奖。量子理论认为，辐射能是由被称为"量子"的单个粒子组成的，就像物质是由原子组成的一样。普朗克因为量子理论获得了 1918 年的诺贝尔物理学奖，但由于这一非凡理论仍存在诸多缺陷，它在本世纪[1]头十年的中期一直处于停滞状态。爱因斯坦率先以他对比热和光电效应的研究走在了前面。1887 年，著名的物理学家赫兹（Hertz）发现了光电效应。赫兹发现，连着火花间隙的电磁线圈被紫外光照射时，就有可能帮助产生火花。哈尔瓦克斯（Hallwachs）对这一有趣的现象进行了更深入的研究，他指出，在某些条件下，带负电荷的物体，如薄金属片，在紫外线照射下会产生更强的效果：它们会失去负电荷，获得正电荷。1889 年，勒纳德（Lénárd）解释说，这是因为电了以一定的速度从带负电荷的物体中发射出来。这种效应最不寻常的一面是，电子的发射

1　指 20 世纪。——译者注

速度与照射光的强度无关，光的强度只与电子的数量成正比；但是电子的速度随着光的频率而增加。勒纳德强调，这种现象与当时流行的观念是不一致的。

同时产生的现象是光致发光，也就是磷光和荧光。当光照射一个物体时，这个物体有时会发出磷光或荧光。由于光量子的能量随频率增加，所以一个给定频率的光量子只能产生一个较低频率的光量子，或者最多是相同频率的光量子，否则能量就会被创造出来。因此，磷光或荧光的频率比引起光致发光的光的频率低。这就是斯托克斯定律（Stokes Law），爱因斯坦用量子理论解释了它。

同样的，当一个光子被发射到薄金属片上时，它最多只能把它所有的能量给电子；一部分能量被用来把电子带到空气中，剩下的能量变成电子的动能。这适用于金属表层的电子。这样就可以计算出照射后金属的正电势。只要光子有足够的能量对电子做逸出功，电子就能离开金属飞到空中。因此，只有当光的频率大于一定的极限时，才会产生光电效应，无论光的强度如何。如果超过了极限，在一定频率下，光电效应就与光强度成正比。气体分子的电离也存在类似的情况，如果知道使气体电离的光的频率，就可以计算出电离电势。

　　爱因斯坦的光电效应定律已经被美国的密立根（Millikan）和他的学生们详细地检验过了并且已经通过检验了。由于爱因斯坦的研究工作，量子理论得以被更全面地完善，并在这方面诞生了一部伟大的著作，证明了它的非凡价值。正如法拉第定律（Faraday's Law）是电化学的基础一样，爱因斯坦的理论成了定量光化学的基础。[1]

1　1921 年诺贝尔奖颁奖典礼于瑞典首都斯德哥尔摩举行，爱因斯坦并未亲临领奖，组委会保留了他的奖项，并于 1922 年补颁奖项。——译者注

图书在版编目（CIP）数据

相对论 /（美）阿尔伯特·爱因斯坦著；李精益译 . —广州：
广东科技出版社，2020.12（2023.6 重印）
书名原文：Relativity: The Special and the General Theory
ISBN 978-7-5359-7586-7

Ⅰ.①相… Ⅱ.①阿… ②李… Ⅲ.①相对论 – 普及
读物 Ⅳ.① O412.1-49

中国版本图书馆 CIP 数据核字 (2020) 第 204756 号

相对论
Xiangduilun

出 版 人：朱文清
责任编辑：刘锦业
监　　制：黄 利 万 夏
特约编辑：路思维
营销支持：曹莉丽
装帧设计：紫图装帧
责任校对：陈 静
责任印制：彭海波
出版发行：广东科技出版社
　　　　　（广州市环市东路水荫路 11 号 邮政编码：510075）
销售热线：020-37607413
http://www.gdstp.com.cn
E - m a i l：gdkjbw@nfcb.com.cn
经　　销：广东新华发行集团股份有限公司
印　　刷：嘉业印刷（天津）有限公司
规　　格：880 mm×1230 mm 1/16 印张 11.5 字数 230 千
版　　次：2020 年 12 月第 1 版
　　　　　2023 年 6 月第 3 次印刷
定　　价：49.90 元

如发现因印装质量问题影响阅读，请与广东科技出版社印制室联系调换（电话：020-37607272）。